Margarete Hehnke

Mathematik zum Anfassen

Materialien für einen handlungsorientierten und differenzierenden Mathematikunterricht

Mit Kopiervorlagen

1. Jahrgangsstufe

Auer Verlag GmbH

Gedruckt auf umweltbewußt gefertigtem, chlorarm gebleichtem
und alterungsbeständigem Papier.

2. Auflage. 1996

Fotos: Werner Huth, Ammersbek
Gesamtherstellung: Ludwig Auer GmbH, Donauwörth
ISBN 3-403-0**2330**-3

Inhalt

Einführung

Grundsätzliches zum handlungsorientierten, differenzierenden Lernen in offenen Lernformen

„Erzähle mir,
und ich vergesse.
Zeige mir,
und ich erinnere.
Laß es mich tun,
und ich verstehe."
Konfuzius (551–479 v. Chr.)

„Handlungsorientiertes Lernen" und „innere Differenzierung" sind mir schon immer ein besonderes Anliegen gewesen. Diese Einstellung führt zwangsläufig zu einem Unterricht in offeneren Lernformen.

Lernen vollzieht sich in vielfältigen Bahnen!

Allerdings geschieht das bei jedem Menschen in unterschiedlichem Tempo, auf unterschiedlichen Lernwegen (zum Teil, subjektiv gesehen, auf Umwegen) und vor allem nicht nur in der Schule an von Lehrern vorgeplanten Lerngegenständen.
Daß nicht alle Gleichaltrigen zum gleichen Zeitpunkt den gleichen Stand an Grunderfahrungen haben, daß sie nicht gleich gern und gleich schnell auf diesem aufbauen können, liegt auf der Hand.
Daher scheint es mir unrealistisch, allen Schülerinnen und Schülern im Unterricht den gleichen Stoff in der gleichen Weise „über den Kopf" stülpen zu wollen. Diese Einstellung galt schon für die Reformpädagogen. In den letzten Jahren hat sie wieder mehr Verbreitung gefunden und mit dem Einzug offenerer Unterrichtsformen auch schon zu Veränderungen innerhalb der Schulen geführt.

Leistungsschere

Bei der Diskussion um dieses Thema taucht immer wieder die Frage nach der „Leistungsschere" auf. Meines Erachtens ist diese da, ob wir sie wahrhaben wollen oder nicht! Wäre es Ziel des Unterrichtes, diese Schere zu nivellieren, so würden wir zwangsläufig einigen Schülern „die Köpfe abschneiden" und anderen „den Boden unter den Füßen wegziehen". Das kann nicht Aufgabe der Schule sein!

Strukturen der Mathematik

Der zweite Punkt sind die Strukturen der Mathematik und, damit verbunden, die in den Richtlinien und Lehrplänen der Bundesländer festgelegten Lernziele. Sie haben sicher ihre Berechtigung und entsprechen dem Leistungsvermögen und den Entwicklungsstufen eines großen Teils der Schüler. Die didaktische und methodische Umsetzung aber ist jedem einzelnen Lehrer in seiner pädagogischen Freiheit überlassen. Darin liegen sowohl Gefahren als auch Chancen: Überläßt man Kinder vollkommen ihren eigenen Intentionen, so würden u. U. wichtige Teilschritte nicht getan werden, die später für die Lösung komplexerer Probleme nötig sind. Engt man sie aber ein in kleine Teilschritte, die jeder Schüler mitmachen muß, ob er sie für sich schon getan hat oder nicht, so bedeutet das, daß entweder die Motivation nachläßt („langweilig, das kann ich schon ...") oder gar nicht erst aufkommt („... das ist für mich zu schwer!"). In diesem Spannungsfeld erleben sich Lehrer täglich.

Was ist zu tun?

Wichtig sind zunächst grundsätzliche Überlegungen zu den Wegen, in denen sich Lernen vollzieht.

Lernwege

Jeder Lernende muß nach Roth auf seinem Lernweg Grunderfahrungen sammeln. Daraus kann er Regeln und Gesetzmäßigkeiten ableiten, gemeinsame und unterschiedliche Eigenschaften erkennen und neue Bedingungen aufstellen. Erst dann ist er in der Lage, diese auf andere Gegebenheiten zu übertragen, d. h. Transferleistungen zu vollbringen.
Diese Stufen im Anspruchsniveau sollten alle Schüler durchlaufen können. Besonders wirksam und anhaltend ist der Lernprozeß, wenn dabei die Möglichkeit besteht, dieses in den drei Bruner'schen Abstraktionsniveaus, der enaktiven (konkreten), der ikonischen (bildhaften) und der symbolischen (abstrakten) Ebene tun zu können.

Planungs- und Beobachtungsraster

In die Form eines Rasters gebracht, ergibt sich daraus eine Übersichtstabelle (siehe S. 10), die als Planungs- und Beobachtungshilfe für differenzierende Lernangebote dienen kann. Die Grundidee dazu wurde im Wissenschaftlichen Institut für Schule (WIS) in Bremen entwickelt und für die Mathematik bereits an mehreren Lerngegenständen von Dieter Ellrott mit Beispielen gefüllt.
Diese Planungs- und Beobachtungsraster können Sie dazu benutzen, die später beschriebenen Materialien, Kopiervorlagen und Vorschläge für die Unterrichtsgestaltung mit ihren Differenzierungsmöglichkeiten für sich überschaubar zu machen und ein Lernangebot zusammenzustellen, das für jeden Bereich etwas enthält.

Planen Sie nicht zu viele Arbeitsmittel gleichzeitig ein, aber treffen Sie eine Auswahl, die möglichst viele Felder des Rasters abdeckt.
Einige Kinder werden vorwiegend mit konkretem Material umgehen. Sie lösen Probleme auf der Handlungsebene und kommen so zu neuen Erkenntnissen. Andere werden versuchen, sich vom Material zu lösen und ihre Ideen auf der bildhaften Ebene zu verwirklichen. Wieder andere sind in der Lage, die bereits gemachten Vorerfahrungen gedanklich nachzuvollziehen und auf der symbolischen Ebene neue Probleme zu lösen und Transferleistungen zu vollbringen.
Mir geht es darum, den Kindern ein Lernangebot zu machen, das diesen unterschiedlichen Gegebenheiten im Abstraktions- und Anspruchsniveau gerecht wird, und nicht darum, sie mit diesem Raster zu klassifizieren!

Planung

Jeder meiner Schüler befindet sich an irgendeiner Stelle des Rasters. Meine Planung muß so aussehen, daß ich es ihnen ermögliche, auf ihrem Wege in ihrem Lerntempo ihre Aufgabenstellungen zu lösen. Dabei muß meines Erachtens das Ziel nicht unbedingt sein, alle Kinder dazu zu bringen, im abstrakten, symbolischen Bereich Probleme zu lösen und den Transfer auf neue Situationen zu leisten. Eine Problemlösung auf der konkreten oder auf der ikonischen Ebene ist für manches Kind eine gleichwertige Leistung wie eine im symbolischen Bereich errechnete, besonders dann, wenn es diese selbst gefunden und nicht nur eine auswendig gelernte Gleichung sinnleer angewandt hat.
Die symbolische Ebene ist durch Aufgaben in den Lehrbüchern hinreichend abgedeckt, während sowohl die konkrete als auch die ikonische Ebene bisher weitgehend unterrepräsentiert waren.
Der Grund dafür liegt in der Materialfrage. Lehrbücher müssen sich auf das beschränken, was auf Papier darstellbar ist, und das kann eben nur ein Teilaspekt der gesamten Arbeit mit Schülern sein.
Meine Arbeitsschwerpunkte in diesem Vorhaben sind die Spalten der enaktiven und ikonischen Ebene. Sie gilt es, mit Leben zu füllen! Ich möchte Hilfen, Anregungen und Material anbieten für Handlungen, aus denen in fließendem Übergang bildhafte Darstellungen werden. Der Unterricht darf aber nicht beim Handeln stehenbleiben.
Es ist mir wichtig, daß jeder Schüler auf seine Weise Fortschritte machen kann – entweder im Abstraktionsniveau (wie im „normalen" Lehrgangslernen) oder im Anspruchsniveau – oder in beidem. Dafür muß ich das nötige Lernangebot bereitstellen.
Handeln bedeutet, daß tatsächliche Gegenstände, nicht nur Abbildungen oder Beschreibungen davon, zur Verfügung stehen, die man anfassen, untersuchen, umformen, neu konstruieren und variieren kann und an denen es etwas zu entdecken gibt.
Unsere Schüler erhalten aus Medien und Umwelt vielfältige Informationen und Kenntnisse, die wir in der Schule mit unseren Mitteln so nicht nachvollziehen können und zu denen wir m. E. auch nicht in Konkurrenz treten sollten. Was wir tun können, ist das Lernen nicht nur über den Kopf, sondern auch über Herz und Hand gehen zu lassen. Dazu sollen diese Arbeitsmittel beitragen.
Daß diese Forderung nach ganzheitlichem Lernen den Lehrplänen der Bundesländer nicht widerspricht, können Sie in fast allen Präambeln nachlesen. Ausdrücklich gefordert wird z. B. auch freies Lernen, bei dem ... „die Kinder wählen können, womit sie sich beschäftigen möchten und ob sie dabei allein sein oder sich mit anderen Schülern zusammenfinden wollen". (Übersichten zu den Lehrplänen der Grundschule in Schleswig-Holstein, S. 5)
Daraus ergibt sich eine weitere, wichtige Frage: Wie kann ich als Lehrer(in) in einer derartigen Unterrichtsform den jeweiligen Leistungs- und Lernzuwachs meiner Schüler im Auge behalten? Diese Frage ist sicher nicht leicht zu beantworten bzw. die Aufgabe ist nicht leicht zu bewältigen.

Beobachtung und Reflexion

Ob lehrerzentriert oder schülerorientiert gearbeitet wird, Beurteilungsgrundlage ist eine genaue Beobachtung von Schülerinnen und Schülern im Lernprozeß.
Dabei kann dieses Raster ebenfalls eine Hilfe sein. Wenn ich feststelle, daß sich jemand mit dem, was er (sie) sich ausgesucht hat, über- bzw. unterschätzt hat, kann ich helfend, regulierend und beratend eingreifen, indem ich auf Lernangebote aus anderen Niveau- oder Abstraktionsbereichen hinweise. Natürlich kann ich die Kinder auch ihren eigenen Weg über „trial and error" gehen lassen.
Bei der Reflexion dient das Raster dazu, im Nachvollzug die einzelnen Stationen meiner Schüler zu sehen, um den jeweiligen Lernzuwachs individuell beurteilen zu können.
Es soll hier nicht weiter um die grundsätzliche Diskussion eines „offenen" Unterrichtes gehen. Zu diesem Thema gibt es schon hinreichend Literatur. Ich möchte Ihnen eine Reihe von Arbeitsmitteln vorstellen, die mir geeignet erscheinen, bei der Einführung in geometrische Grundkenntnisse und beim Aufbau eines anschaulichen Zahlbegriffs hilfreich zu sein und gleichzeitig schülerorientiertes Lernen zu ermöglichen. Dabei freue ich mich besonders darüber, daß ich Ihnen auch das dazugehörige Material anbieten kann und Ihnen somit einen großen Teil der Arbeit erspare, die ich aufwenden mußte, um dieses Angebot als Grundbedingung für handlungsorientiertes Lernen zusammenzustellen.

Als durchgehendes Prinzip gilt für alle Vorhaben:
- Lassen Sie Ihre Schüler entdecken, was an Möglichkeiten im Material steckt.
- Beobachten Sie sie bei ihrem Tun und lassen Sie sich auf ihre Lernwege ein!

Viele der Ideen zu diesen Materialien stammen von mir selbst, und ich habe sie in meinem Unterricht erprobt. Weitere Anregungen bekam ich aus der Literatur und von Kolleginnen und Kollegen in der Fortbildung. Am meisten aber haben mir meine Schülerinnen und Schüler geholfen durch ihre Phantasie, ihre Kreativität, ihre Begeisterung und ihre Kritik.
Besonders wichtig ist mir, daß es sich nicht um einmalig zu benutzende Materialien handelt, sondern daß diese ohne viel Aufwand abgewandelt und zum Teil auch für andere Fächer nutzbar gemacht werden können. Laufend kommen neue Ideen von Schülerinnen und Schülern, Kolleginnen und Kollegen dazu, und manches verändert sich dabei. Ich halte das für eine positive Ausgangssituation für ein handlungsorientiertes, differenzierendes und entdeckendes Lernen. Das gilt für alle Klassenstufen und für alle Aktivitäten innerhalb und außerhalb des Mathematikunterrichts.
Ich möchte mit diesem Heft Hilfe anbieten, damit offenere Lernformen nicht nur ein unerfüllbarer Wunsch bleiben, sondern daß sie auch tatsächlich stattfinden können. Auf den folgenden Seiten finden Sie die Fotos von 30 Arbeitsmitteln. Benutzen Sie diese für die Zusammenstellung Ihres Lernangebotes.
Danke an mein Enkelkind Sandra und an ihre Freundin Jenny, die mit so viel Geduld und Freude alle Arbeitsmittel ausprobiert haben und dabei „Modelle" für die Fotos waren.
Mein Dank gilt auch Herrn Werner Huth für die Aufnahme der Fotos.

Hinweise zum Gebrauch

In diesem Heft habe ich 33 Arbeitsmittel zusammengestellt, die mir für den Anfangsunterricht Mathematik in offeneren Lernformen als geeignet erscheinen.
Mein besonderes Anliegen ist es, Kinder im handelnden Umgang mit Materialien Mathematik erfahren zu lassen und Übungsformen vorzustellen, in denen die Schülerinnen und Schüler nach ihren Lernvoraussetzungen, in ihrem Tempo und möglichst mit eigener Kontrolle lernen können.

Schulbücher

Da die im Handel befindlichen Lehrbücher aus verständlichen Gründen lediglich bildhafte Darstellungen und Aufgaben aus dem symbolischen Bereich anbieten können, fehlt es vorwiegend an Beispielen für handlungsorientiertes, differenzierendes Lernen.
Diese Lücke sollen die hier angeführten Arbeitsmittel füllen helfen.
Sie können und sollen das Schulbuch nicht ganz ersetzen. Wenn Sie aber Geld für Lehrmittel einsparen müssen, um Arbeitsmittel dieser Art beschaffen zu können, so ist zu überlegen, ob Sie nicht lediglich die von den meisten Verlagen angebotenen Schüler-Arbeitshefte als Verbrauchsmaterial anschaffen und das eigentliche Schülerbuch zur Wiederverwendung benutzen.

Arbeitsmittel

Alle Arbeitsmittel werden in diesem Heft nach dem gleichen Prinzip vorgestellt:

Fotos

Die Fotos zeigen einmal das fertige Arbeitsmittel und zusätzlich eine Situation, wie es im Unterricht benutzt werden kann. Sie können Ihnen und Ihren Schülerinnen und Schülern zusätzlich als Arbeitshilfe dienen, da aus ihnen ohne weitere schriftliche Anweisungen wichtige Informationen zu entnehmen sind.

Materialien

Unter den Fotos sind die benötigten Materialien aufgelistet. Diejenigen, die zur Herstellung des Grundmaterials nötig und nicht problemlos zu beschaffen sind, können Sie als Bausätze kaufen. Wenn Sie eine Grundausstattung haben möchten, die nicht nur für die 1. Klasse und nicht nur für den Mathematikunterricht zu benutzen ist, so empfiehlt es sich, das gesamte Materialpaket zu kaufen.
Sie ersparen sich dadurch einen erheblichen Zeit- und Organisationsaufwand.
Nähere Informationen über Bezugsmöglichkeiten finden sich am Schluß dieses Buches.

Zusätzlich zu beschaffende Materialien

Am Schluß dieses Heftes finden Sie auch eine Liste mit Bezugsquellen für zusätzlich zu beschaffende Materialien, denn wegen der noch z. T. offenen Nutzung der Arbeitsmittel und der jedem selbst überlassenen Ausgestaltung und Fortführung ist es nicht möglich, *alle* benötigten Materialien als Gesamtangebot zusammenzustellen.

Kopiervorlagen

Die Kopiervorlagen sind entweder Beispielsätze für die erste Ausstattung oder Blanko-Vordrucke, die

Sie benutzen können, um weitere Arbeitsvorlagen zu erstellen.
Sie sind im gleichen Kasten wie die benötigten Materialien aufgeführt. Sie befinden sich in der Reihenfolge ihrer Verwendung direkt hinter dem jeweiligen Arbeitsmittel. Manche davon benötigen Sie für mehrere Arbeitsmittel. Achten Sie also bitte darauf, daß Sie von jeder Kopiervorlage das Original behalten. Es empfiehlt sich daher, alle Kopiervorlagen zunächst einmal zu kopieren und erst dann mit dem Herstellen der Arbeitsmittel zu beginnen.

Herstellungsanleitung

Die genaue Herstellungsanleitung soll Ihnen helfen, unter Umständen diese Arbeit an ältere Schüler oder an Eltern zu delegieren. Ihre Aufgabe wäre es dann, alles nötige Material zusammenzustellen und die Arbeit zu organisieren.
Sie ersparen sich Zeit, Mühe und viele Worte, denn auch für Eltern gilt der Eingangsspruch von Konfuzius: „... laß es mich tun, und ich verstehe!" Die Eltern lernen sich beim gemeinsamen Basteln kennen, spielen u. U. auch schon mit den Arbeitsmitteln und erhalten dadurch einen Einblick in Inhalte und in die Art und Weise Ihrer Arbeit und die der Schülerinnen und Schüler im Unterricht.
Vielleicht hilft dieses Vorgehen auch, das Vorurteil „Die Kinder spielen ja nur!" auszuräumen und zu erkennen, daß man auch spielend lernen kann!

Hinweise für Lehrer

Die Hinweise für Lehrer enthalten didaktische Kommentare zu Einsatzmöglichkeiten, Spielregeln usw. Sie ersetzen nicht die Vorbereitungsarbeit der Lehrerin oder des Lehrers, denn diese(r) entscheidet (u. U. in Zusammenarbeit mit den Kindern) über die Zusammenstellung der Lernangebote und über deren Einsatz im Unterricht.
Auf keinen Fall sollten Sie zu viele Arbeitsmittel gleichzeitig als freies Angebot zur Verfügung stellen, denn damit sind die Kinder meistens überfordert. Eine sorgfältige Auswahl und eine klare Einführung in die Arbeitsweise sind unbedingt einzuhalten, denn sonst stehen die Arbeitsmittel nach kurzer Zeit unbenutzt im Regal. Wechseln Sie die Materialien häufiger aus, und setzen Sie sie nach einiger Zeit mit neuen Aufgabenstellungen erneut ein.
Sowohl Materialien als auch Arbeitsvorlagen und Arbeitskarten sind vorwiegend für Aktivitäten in Einzel-, Partner- und Gruppenarbeit gedacht. Das schließt nicht aus, mit ihnen im Frontalunterricht mit der gesamten Klasse wichtige Erkenntnisse zu erarbeiten und zu verdeutlichen.
Jede Lehrerin und jeder Lehrer kann und sollte dabei für sich entscheiden, welche Sozial- und Aktionsformen sie (er) für ihren (seinen) Unterricht für angemessen hält!

Beobachtungskarten

Damit die Beobachtungen, die Sie während der Arbeit machen, auch schriftlich fixiert werden können, habe ich zu fast jedem Beispiel Beobachtungskarten entwickelt.
Sie finden sie ganz am Ende dieses Heftes.
Links sehen Sie das entsprechende Foto, daneben eine Reihe von Beobachtungskriterien und darunter eine Klassenliste mit Ankreuzfeldern für Beobachtungsdaten.

Es gibt zwei Möglichkeiten der Handhabung:

1. Sie schreiben die Namen aller Kinder in die Klassenliste. Dann können Sie für jedes Kind 1 Beobachtungsdatum festhalten.
2. Sie lassen zwischen den Namen einige Zeilen frei und können dann mehrere Eintragungen für jedes Kind vornehmen. Dafür müssen Sie sich allerdings mehrere Kopien des Beobachtungsblattes herstellen.

Nehmen Sie immer nur diejenigen Arbeitsmittel in Ihre Kartei, die im Beobachtungszeitraum tatsächlich im Einsatz sind. Sie sehen dann sofort, welches Kind Sie noch nicht beobachtet haben.
Natürlich können nicht in jeder Stunde über jedes Kind Aufzeichnungen gemacht werden. Machen Sie sich immer dann Notizen, wenn Ihnen etwas auffällt!
Diese Protokolle helfen Ihnen, in den Berichtszeugnissen klare Aussagen zur Lernentwicklung jedes Ihrer Kinder machen zu können.

Eigenprotokoll der Kinder

Mit den Fotos können Sie auf anschauliche Art ihre Tages- oder Wochenpläne ausgestalten. Das ist besonders im Anfangsunterricht wichtig, da die Kinder ja noch nicht lesen können.
Ich habe gute Erfahrungen damit gemacht, die Fotos der „im Einsatz befindlichen" Arbeitsmittel auf einem Protokollblatt zusammenzustellen und sie für jedes Kind zu kopieren. Es wird vorn in die Arbeitsmappe geheftet. Am Ende jeder „Freiarbeitsstunde" kreuzen oder malen die Kinder eines der Kästchen neben dem Arbeitsmittel an, mit dem sie sich beschäftigt haben.
Das hört sich sehr zeitaufwendig an, ist aber bei entsprechender Gewöhnung nur eine Frage von Minuten. Gleichzeitig dient ein derartiges Ritual dazu, Rückblick auf die vorausgegangene Arbeit zu tun und diese für sich selbst auch einzuschätzen. Außerdem werden die Kinder durch die Bilder angeregt, in den kommenden Stunden auch noch andere Arbeitsmittel zu wählen.

Sie als Lehrerin oder Lehrer bekommen dadurch zusätzlich auch eine quantitative Übersicht über die Aktivitäten und Vorlieben ihrer Schülerinnen und Schüler.
Insgesamt erhebe ich nicht den Anspruch auf Vollständigkeit auf allen Gebieten. Gerade die Möglichkeit, eigene Wege zu gehen und neue Ideen zu entwickeln und zu erproben, fördert nach meinen Erfahrungen die Motivation bei Schülern und Lehrern und führt zu einem Mathematikunterricht, in dem Kreativität und Entdeckerfreude zunehmen können.

Zum Aufbau eines anschaulichen Zahlbegriffs

Bereits vor Schuleintritt besitzen die meisten Kinder eine Reihe von Vorerfahrungen mit Zahlen in ihren vielfältigen Aspekten. Sie können überschaubare Anzahlen benennen, z. B. „3 Kinder". Viele von ihnen können zählen, d. h. die Zahlwortreihe bis 20, oft auch weiter, „aufsagen", sie haben Erfahrungen mit Ordnungszahlen, z. B. „Jetzt ist unsere dritte Stunde", können Größen mit Maßzahlen benennen, z. B. „Wir haben heute 3 Stunden Schule", und benutzen Zahlen zur Bezeichnung von Objekten, z. B. „Wir wohnen im Wiesengrund Nummer 5". Viele Schulanfänger können bereits in einfachen Problemen addieren und subtrahieren.
Im ersten Schuljahr wird zunächst der Zahlenraum bis 5 oder 6, danach bis 10 oder 12 in vielfältigen Zähl- und Zuordnungsübungen erarbeitet. Dabei ist es wichtig, daß Zählobjekte vorhanden sind, seien es Bohnen, Knöpfe, Kinder, Taschen... oder auch Steckwürfel. Jede der Zahlen und Mengen bis 10 sollte einzeln intensiv bearbeitet werden, damit die Kinder eine feste Mengenvorstellung von ihnen bekommen.
Erst dann werden Addition und Subtraktion eingeführt und die grundlegenden Rechenoperationen dazu erarbeitet. „Nicht zu früh darf den Schülern die Möglichkeit genommen werden, die Aufgaben handelnd mit Material (Steckwürfel, Rechenplättchen u. a.) oder mit zeichnerischer Unterstützung zu lösen."[1]

Eine erste Strukturierung des Zahlenraumes ergibt sich bei der Erarbeitung des zweiten Zehners und beim Zehnerübergang. „Ein systematisches Erarbeiten zu diesem Zeitpunkt entwickelt eine wichtige Grundlage für die entsprechenden Probleme in größeren Zahlbereichen.[2]
Am Ende des 1. bzw. zum Beginn des 2. Schuljahres bei der Zahlenraumerweiterung bis 100 sind die Zehnerzahlen die ersten Ankerpunkte. Sie sind Grundlage unseres Zehnersystems und bereiten das später bei den schriftlichen Rechenverfahren und bei der Schreibweise natürlicher Zahlen notwendige Stellenwertsystem vor. Spätestens zu diesem Zeitpunkt ist es besonders wichtig, daß die Kinder die Zahlen verstehen, d. h., daß sie ein klares Mengenbild von ihnen haben. Bündelung, Stellenwert und Schreibweise müssen einhergehen mit tatsächlichen Handlungen und konkreten Vorstellungen. Neben vielen anderen Objekten zur Veranschaulichung nimmt hier der Würfel eine zentrale Stellung ein. Der einzelne Würfel ist Repräsentant für den Einer, die Stange für den Zehner und später die Platte für den Hunderter. In diesem Modell ist der Wert der einzelnen Stelle noch zu erkennen und die Schreibweise direkt abzulesen (siehe Zehnertreppe). Die zeichnerische Veranschaulichung geschieht als Streifen- und Kästchen- bzw. als Strich-Punktdarstellung. Sie ist in fast allen Schulbüchern vertreten.
Bei der Einführung der Zahlen bis 1000 (im 3. Schuljahr) und darüber hinaus über die Zehntausend und Hunderttausend bis hin zu einer Million (im 4. Schuljahr) sind der Veranschaulichung im konkreten und im ikonischen Bereich Grenzen gesetzt.
Gerade hier ist aber eine direkte Größenvorstellung sehr wichtig. Selbst Erwachsene haben Schwierigkeiten, sich große Zahlen vorzustellen. Im Unterricht kommt es darauf an, das schrittweise multiplikative Vorgehen tatsächlich mit greifbaren Objekten vorzunehmen und somit handelnd zu erarbeiten.
Erst wenn die Schüler eine klare Vorstellung von den Zahlen haben, können sie auch in großen Zahlenräumen rechnen. Darum ist es besonders wichtig, im 1. Schuljahr sehr intensiv an dieser Aufgabe zu arbeiten.

1 Radatz-Schipper „Handbuch für den Mathematikunterricht an Grundschulen", Schroedel S. 70
2 a. a. O. S. 69

Planungs- und Beobachtungsraster

Lerngegenstand:	**– enaktiv –** handelnder Umgang mit konkreten Materialien	**– ikonisch –** Umgang mit bildhaften Darstellungen	**– symbolisch –** Umgang mit Formeln
Grunderfahrungen machen und beschreiben			
Erfahrungen verarbeiten, Regeln und Gesetze erkennen…			
Ergebnisse übertragen, verfügbar haben… (Transfer)			

EXI

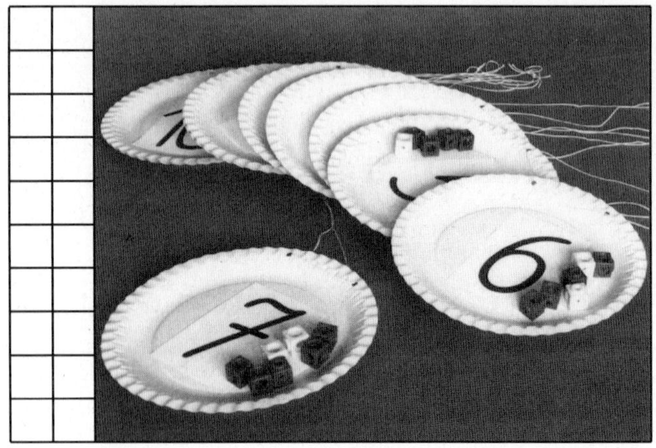

Zahlenteller

Glücksräder

Zahlenkette aus Papptellern

Holzwürfel

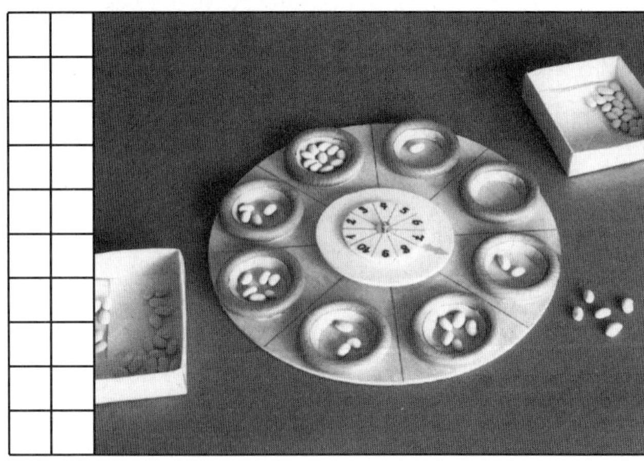

Mengenschüsseln

Rechenraupe

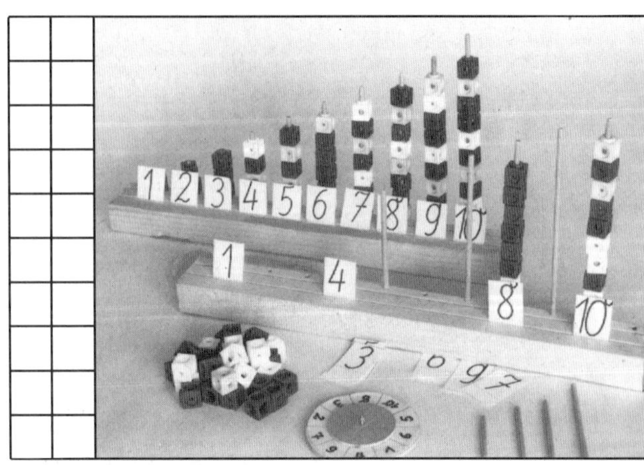

Setzleisten mit Zehnertreppe

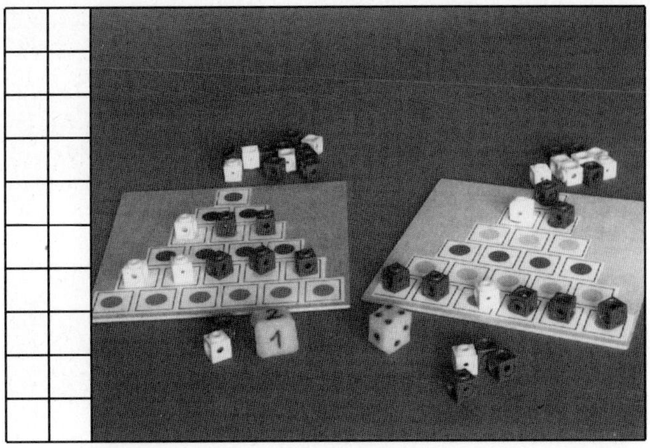
Das Turmspiel

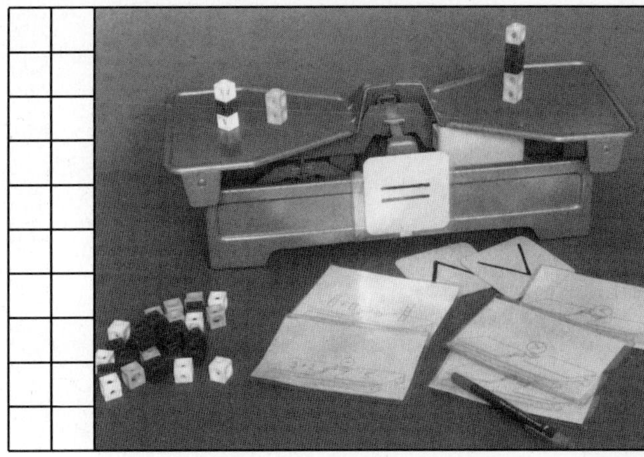
Waage

Ziffern-Mengenpuzzle aus Holz

Super-Acht

Fühlziffern

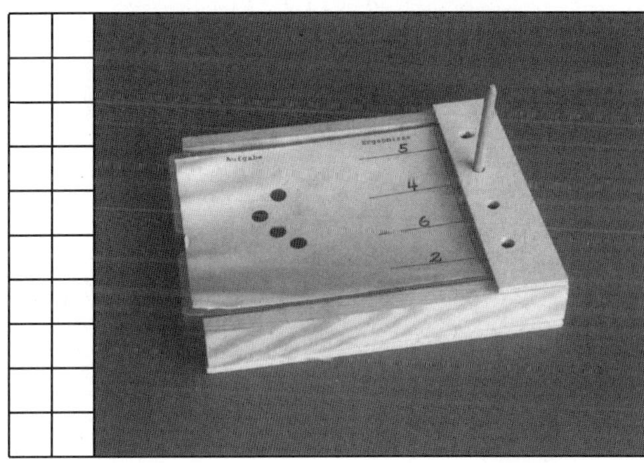

Stöpselkasten

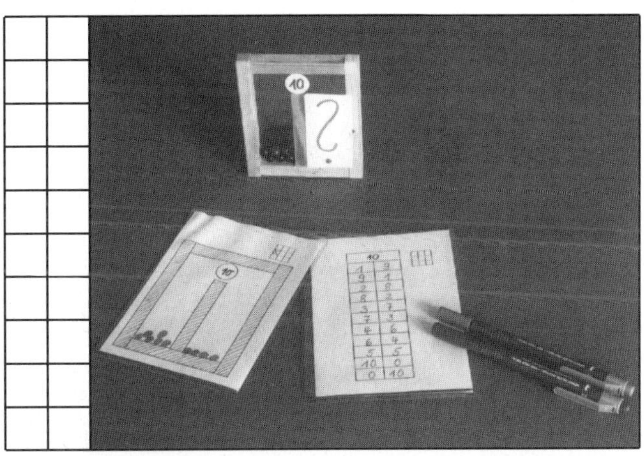
Zerlegungskästen

Dreiecksdomino

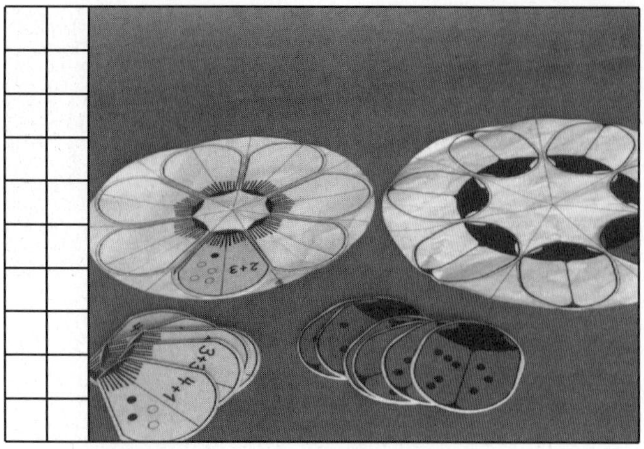

Marienkäfer- und Blumendominos

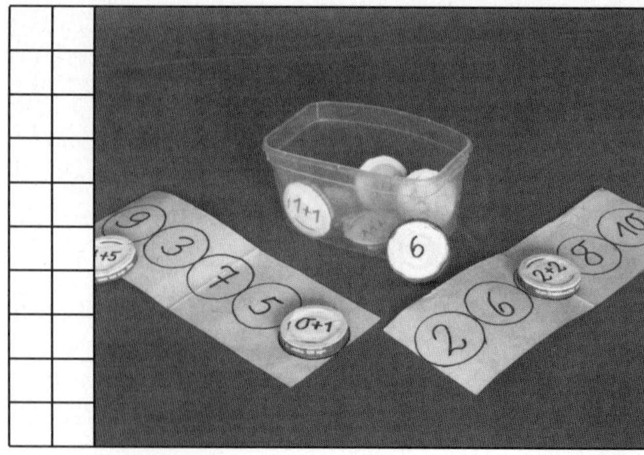

Flaschenverschlüsse

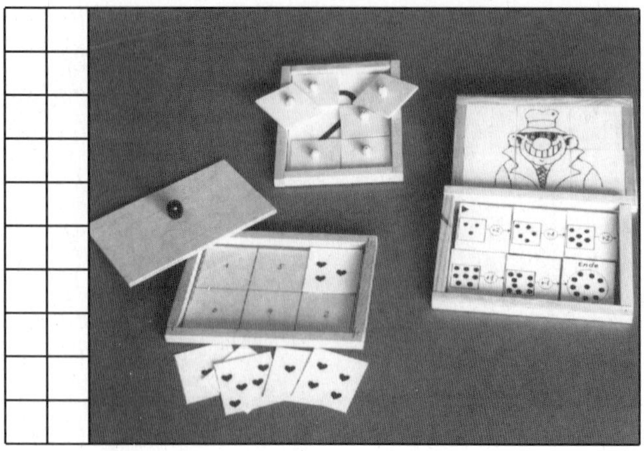

Rahmenpuzzle

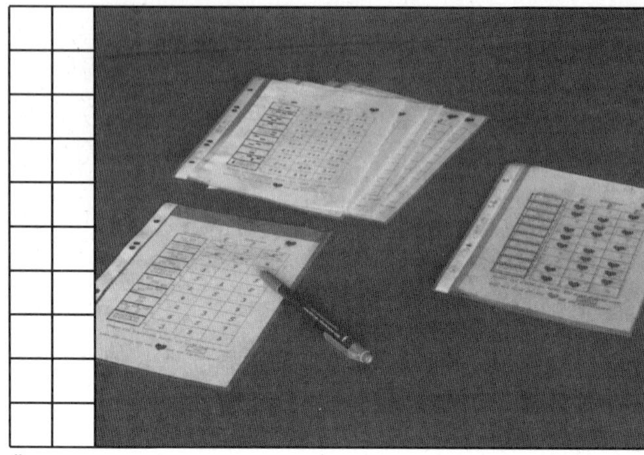

Übungskartei, selbstgemacht, mit Eigenkontrolle durch Auflegefolie

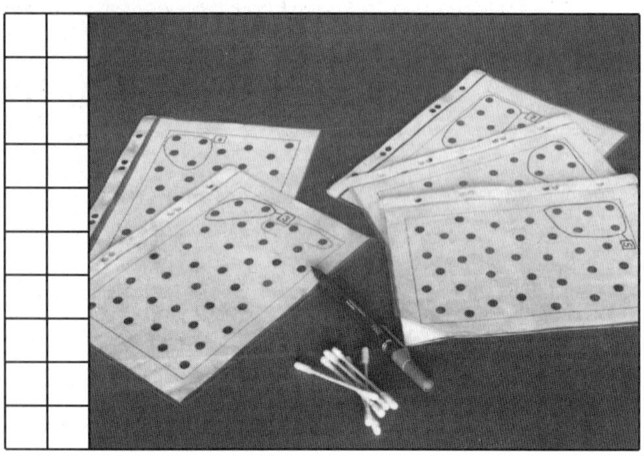

Übungsblätter zum Einkreisen von Mengen

Zahlen- und Mengenstreifen und Zahlen- und Mengentafeln

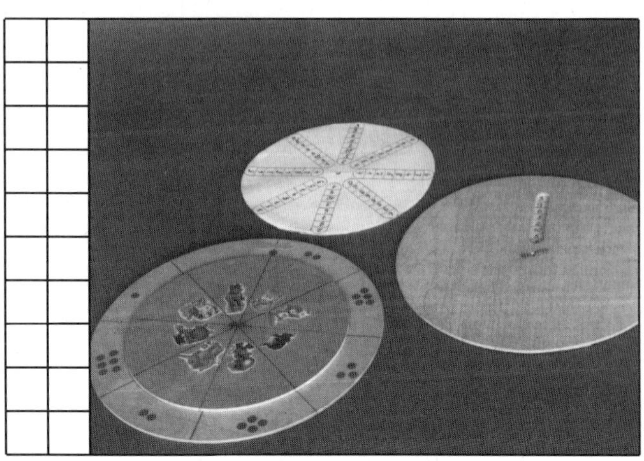

Rechenscheibe mit Partnerkontrolle

Quartett mit Tierziffern und Punktdarstellungen

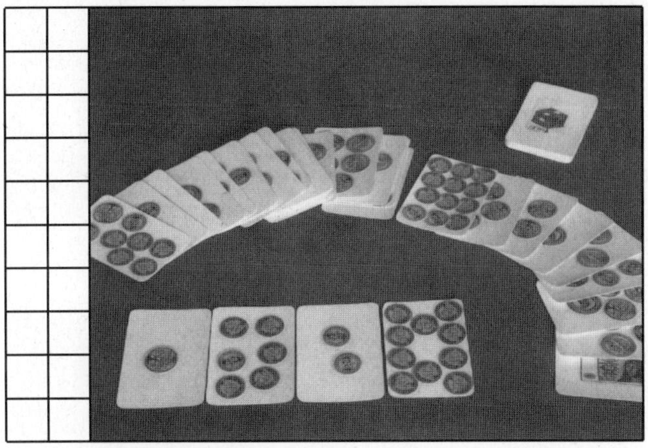

Quartett mit Geldmengen

Zahlenwirbel

Setzleisten mit Aufgaben- und Ergebniskarten

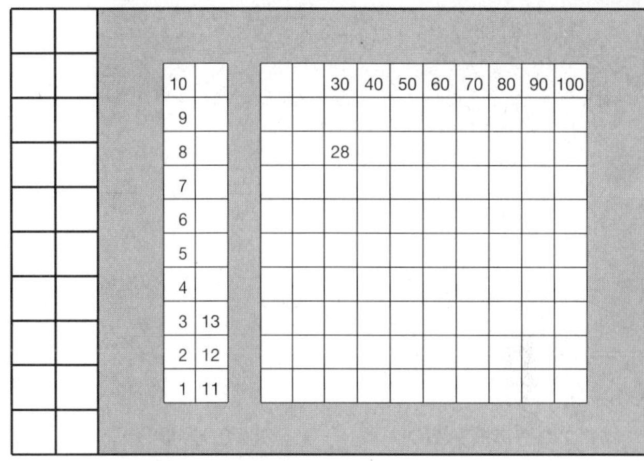

Zahlen für die Hundertertafel

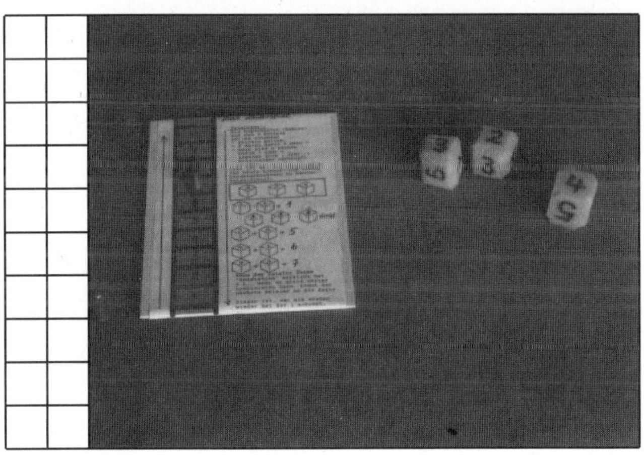

Das Leiterspiel

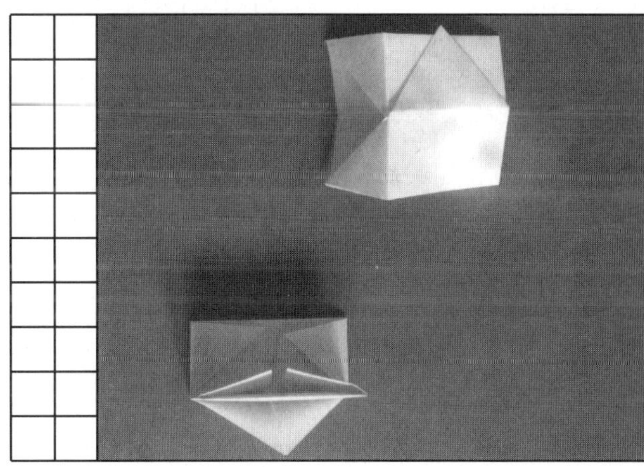

Das Faltportemonnaie

1. EXI

Abb. 1.1

Abb. 1.2

Abb. 1.3

Material

172 geometrische Teile aus Kunststoff in den Farben Rot, Blau, Gelb und Grün:

- 4 Sechsecke
- 8 Trapeze
- 12 Rauten
- 4 Rechtecke
- 4 gleichseitige Dreiecke (groß)
- 24 gleichseitige Dreiecke (klein)
- 20 stumpfwinklige Dreiecke
- 96 rechtwinklige Dreiecke

gibt es fertig

1 Glücksrad bestehend aus 3 Holzscheiben mit
- 4 Farbsektoren (16 cm Durchmesser)
- 8 Formen (10 cm Durchmesser) mit Flächenformen (Kopiervorlage siehe Glücksräder)
- 1 Pfeil (6 cm Durchmesser)

Kopiervorlagen

Grundformen „EXI"
Zusammengesetzte Formen aus „EXI"-Teilen

Herstellung

„EXI"-Tafeln in Einzelteile zerbrechen. Glücksrad herstellen (siehe Glücksräder [2]).

Hinweise für Lehrer

Das Wort „EXI" ist griechisch und heißt „sechs".

Ich habe diesen Namen gewählt, weil alle 172 Einzelteile durch das Zerlegen von Sechsecken entstanden sind und weil durch das Zusammenfügen gleicher oder unterschiedlicher Einzelteile immer wieder neue Sechsecke (oder auch andere Flächenformen) entstehen können (siehe Abb. 1.1, 1.2 und 1.3).

Einsatzmöglichkeiten

1. Freies Legen: Siehe Abb. 1.4.
2. Muster und Parkettierungen legen: Siehe Abb. 1.5.
   Grundformen in unterschiedlicher Zusammensetzung und Größe in den Mustern entdecken.
3. „Schnapp"-Spiel (Beschreibung siehe Glücksräder)
4. Grundformen mit kleineren Teilen auslegen (sie ersetzen durch): Siehe Abb. 1.3 und 1.6 und Kopiervorlagen.
   Später für die Bruchrechnung:
   Bruchanteile der einzelnen Farben in der Gesamtfigur benennen.
5. Alle Einzelteile zu „bunten" Rechtecken (10 × 11,5 cm) zusammenfügen. Siehe Abb. 1.6 und Kopiervorlage.

Später für die Bruchrechnung:
Bruchanteile der einzelnen Farben in der Gesamtfigur benennen (16-tel). Erweitern und Kürzen. Siehe Abb. 1.6.

6. Alle Einzelteile zu „bunten" Sechsecken zusammenfügen. Siehe Abb. 1.3 und Kopiervorlage.

Abb. 1.4: Freies Legen

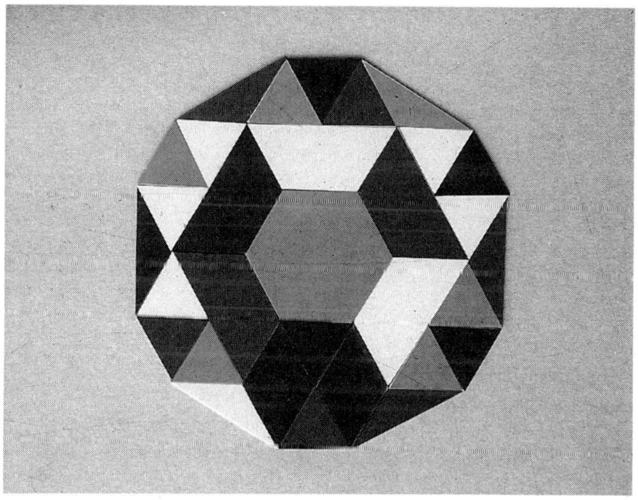

Abb. 1.5: Muster und Parkettierungen

Abb. 1.6: Mit kleineren Teilen auslegen

Später für die Bruchrechnung:
Bruchanteile der einzelnen Farben in der Gesamtfigur benennen (12-tel). Erweitern und Kürzen. Siehe Abb. 1.3.

7. Aus mehreren Einzelteilen neue geschlossene Figuren legen, deren äußeren Umriß nachzeichnen und diesen anschließend mit anderen Formen auslegen und/oder zu anderen Formen umlegen. Siehe Kopiervorlage.
Größen (Flächeninhalte) vergleichen.
Inhaltsgleiche Flächen unterschiedlicher Form legen mit den gleichen oder mit „Ersatzteilen".
Bruchanteile der Farben in der Gesamtfigur bestimmen. Weitere Arbeitsvorlagen dieser Art „schaffen" die Schüler selbst!
Es entstehen dabei z. B. alle in Klasse 8 genauer zu behandelnden geradlinig begrenzten Flächenformen.

8. Das Glücksspiel „EXI-HEXI"

Material
Alle Formen des „EXI"-Spieles
1 Glücksrad

Mitspieler
2–4

Einsatz
Ab Klasse 1

Spielregel
Die „EXI"-Teile auf dem Tisch verteilen.
Die Mitspieler(innen) drehen am Formen- und am Pfeilrad. Beim Stillstand bezeichnet der Pfeil Form und Farbe des Teiles, das aus dem Vorrat genommen werden darf.

Ziel
Möglichst viele Sechsecke zusammensetzen können.

Variante
Vor dem Spiel eine neue Figur auswählen, die sich aus mehreren EXI-Teilen legen läßt, und diese als „Zielfigur" vorgeben.

Problemfall
Die „gewonnene" Teilfigur ist nicht mehr im Vorrat vorhanden:
Lösung des Problems: entweder
Pech gehabt, – Du darfst nicht aufnehmen! oder
Du darfst die „gewonnene" Teilfigur aus mehreren Teilen der gleichen Farbe zusammensetzen! oder
Du darfst sie dem Mitspieler (der Mitspielerin) wegnehmen, der (die) sie besitzt! oder...
Das Spiel kann jederzeit abgebrochen werden. Wer dann die meisten Sechsecke zusammengesetzt hat, ist Sieger. Über die weitere Rangfolge entscheidet die Flächengröße der „freien" Einzelteile. Es kann auch so lange fortgesetzt werden, bis keine Einzelteile mehr vorhanden sind.

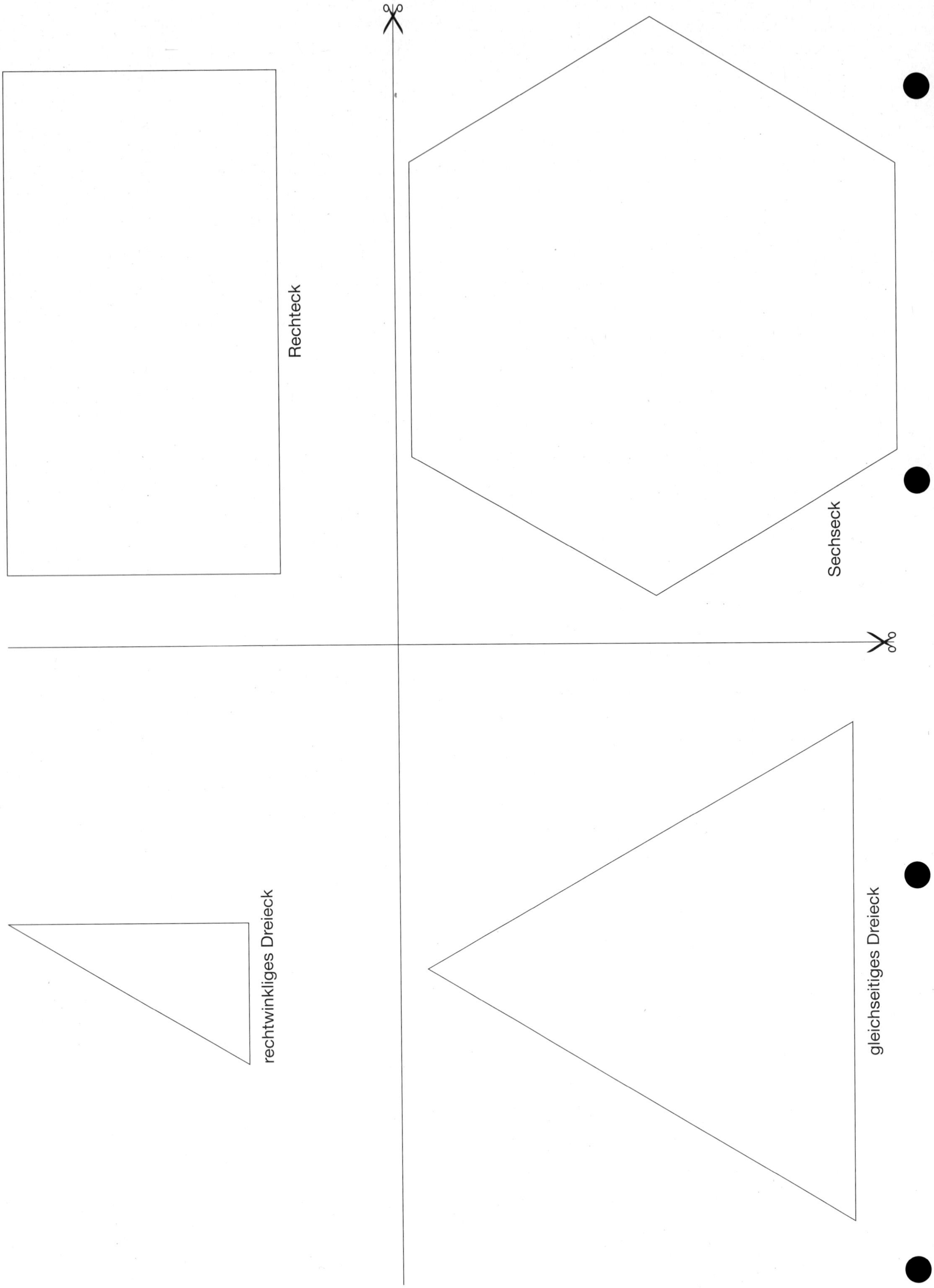
Rechteck
Sechseck
rechtwinkliges Dreieck
gleichseitiges Dreieck

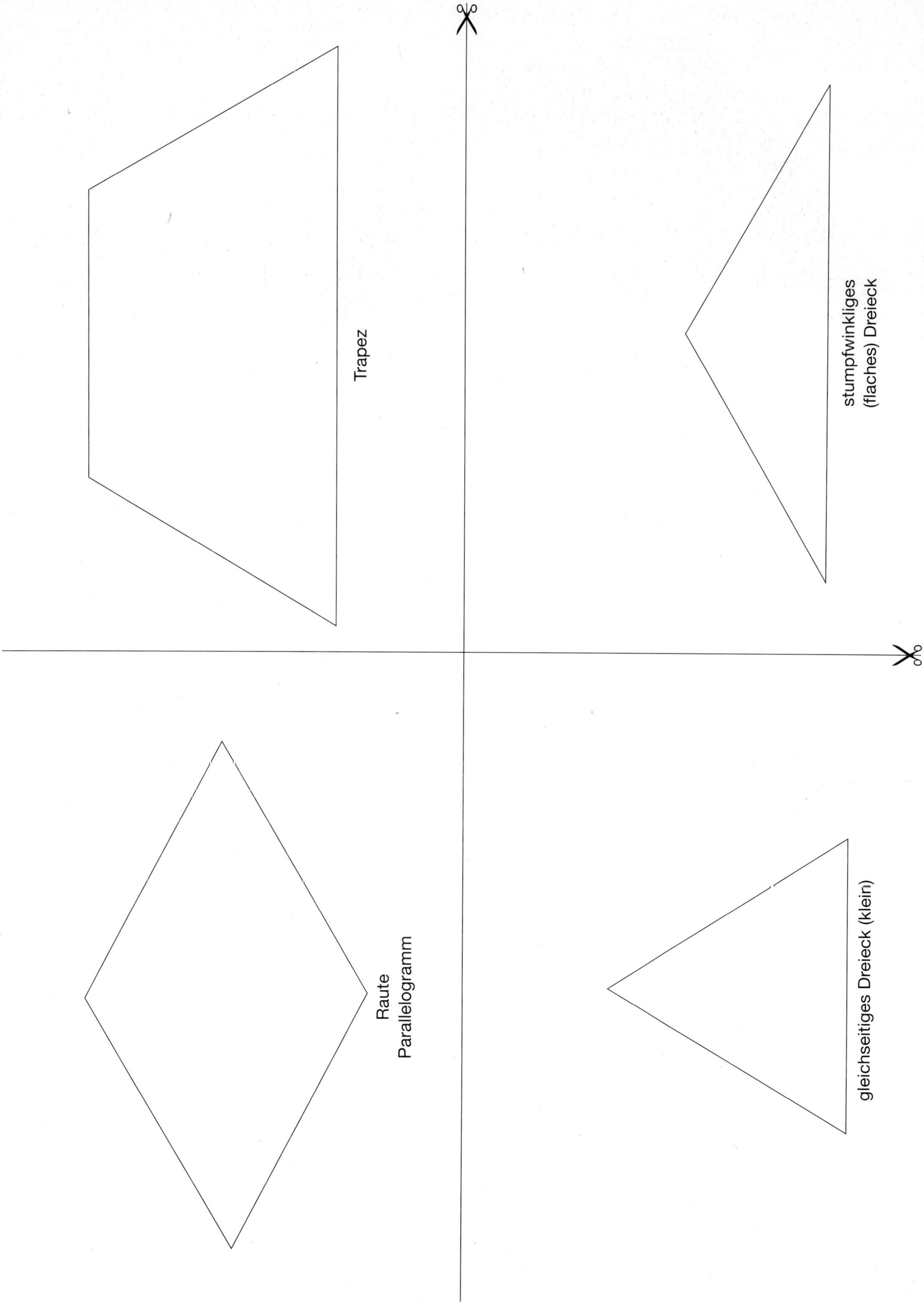
Trapez
stumpfwinkliges (flaches) Dreieck
Raute Parallelogramm
gleichseitiges Dreieck (klein)

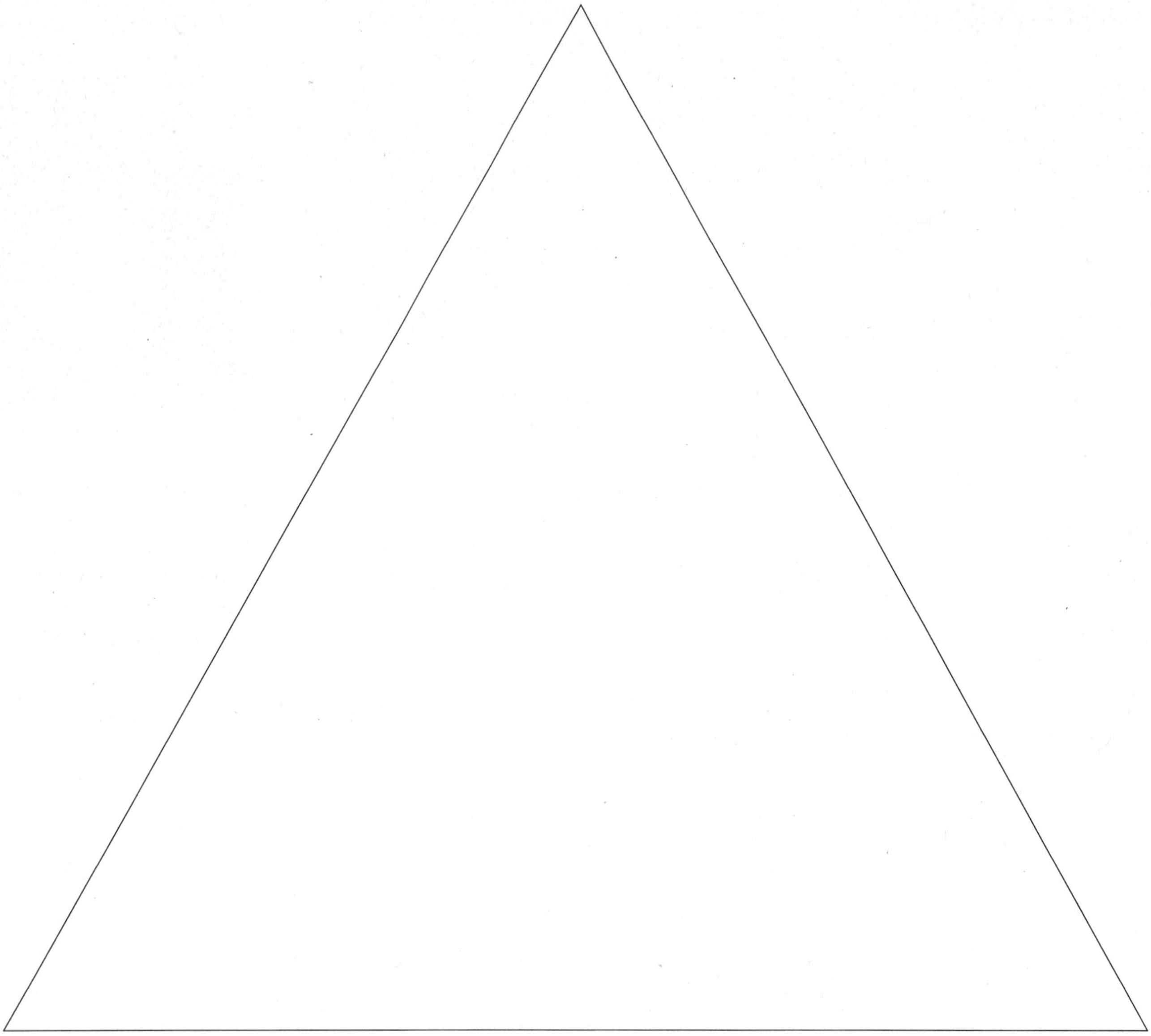

2. Glücksräder

Abb. 2.1

Abb. 2.2

Material

1 Abschlußmutter (mit Klebstoff festsetzen)
1 Holzscheibe Durchmesser 6 cm (mit Pfeil bekleben – Folie)
1 Unterlegscheibe
1 Holzscheibe Durchmesser 10 cm (je nach Einsatzart mit Scheiben versehen [siehe Kopiervorlagen zu 2]).
1 Mutter zum Festsetzen der unteren Scheibe (evtl. mit etwas Klebstoff festsetzen)
1 Holzscheibe Durchmesser 16 cm (nicht bei allen Glücksrädern nötig – evtl. weglassen)
1 Schraube 3 × 20 mm

Kopiervorlagen

5 Glücksräder mit unterschiedlicher Sektoreneinteilung und verschiedenen Beschriftungen.
1 Blanko-Vorlage für weitere Glücksräder aller Art.

Herstellung

Verarbeiten Sie die aufgelisteten Materialteile der Reihe nach von unten nach oben.

Hinweise für Lehrer

Diese Glücksräder sind Zufallsgeneratoren, wie auch Würfel es sind.
Je nach Anzahl der Sektoren und nach Beschriftungsart können sie in vielerlei Spielen eingesetzt werden, z. B.

- als Farbenrad für Schnapp-Spiele,
- mit Abbildungen von verschiedenen Körperformen für Schnapp-Spiele,
- mit Zahlen für Schnapp-Spiele mit Spielkarten (z. B. Mengenkarten, die dann herausgesucht werden müssen),
- mit Aufschriften wie „verdoppele", „halbiere" usw. als Arbeitsanweisung für Tätigkeiten, die auszuführen sind, usw.

„Schnapp"-Spiele

Material

Auswahl-Teile, z. B. Verpackungskartons, „EXI"-Teile als Flächenformen, Quartettkarten, Ziffern- oder Mengenkarten, Einzelelemente aller Art usw.

Einsatz

ab 1. Schuljahr

Mitspieler

2–4 Mitspieler(innen)

Spielregeln

Eine größere Anzahl von Auswahl-Teilen liegen auf dem Tisch. Das Glücksrad wird gedreht und zeigt an, welche davon „geschnappt" werden sollen. „Schnapp"-Teile für Mathematik können z. B. sein:

- Steckklötze, Bohnen oder ähnliche Einzelelemente,
- Verpackungsschachteln oder Gebrauchsgegenstände für Körperformen,
- „EXI"-Teile für Flächenformen,
- Ziffern- oder Mengenkarten, die zum Glücksrad passen,
- Aufgabenkarten ohne Ergebnisse,
- Quartettkarten,
- „Schnapp"-Karten für den Deutschunterricht,
- Wörter mit Anfangsbuchstaben, die zum Glücksrad passen,
- Vor- oder Nachsilben usw.

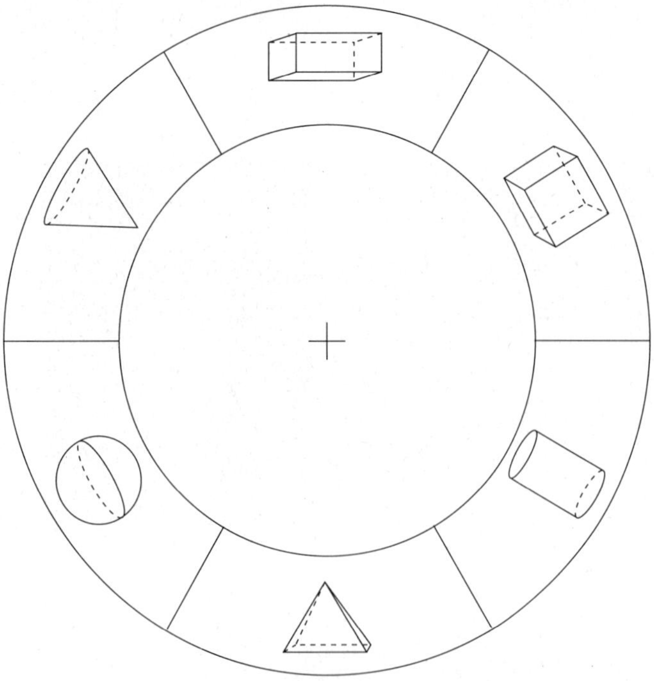

Für „Schnapp“-Spiele mit Körperformen

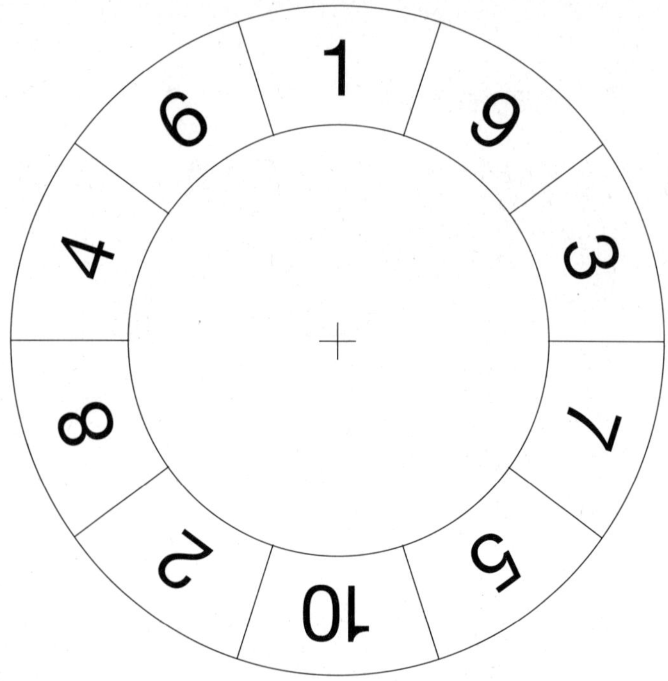

Für Glücksspiele 1 bis 10

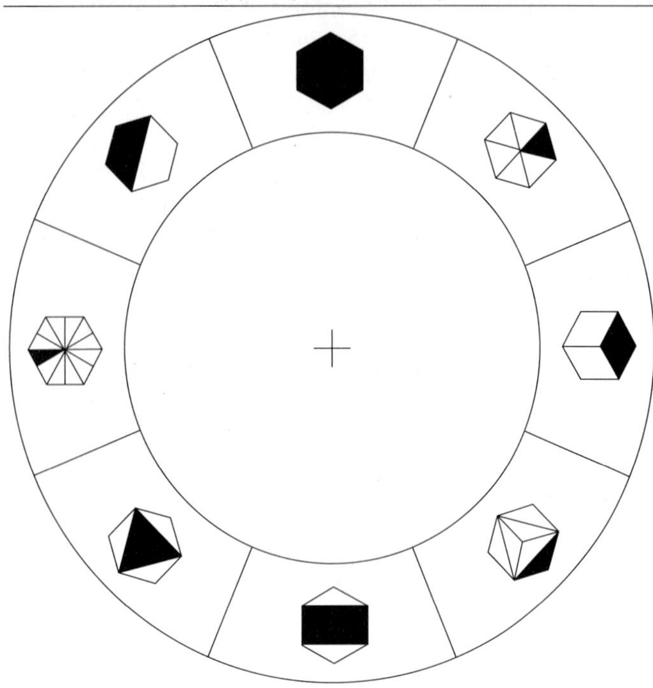

Für „Schnapp“-Spiele und „EXI-Hexi“

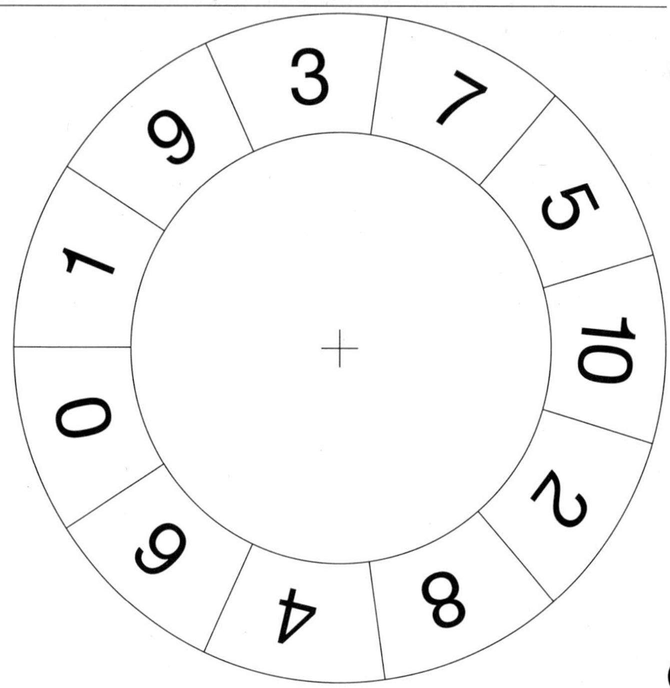

Für Zahlenwirbel 0 bis 10

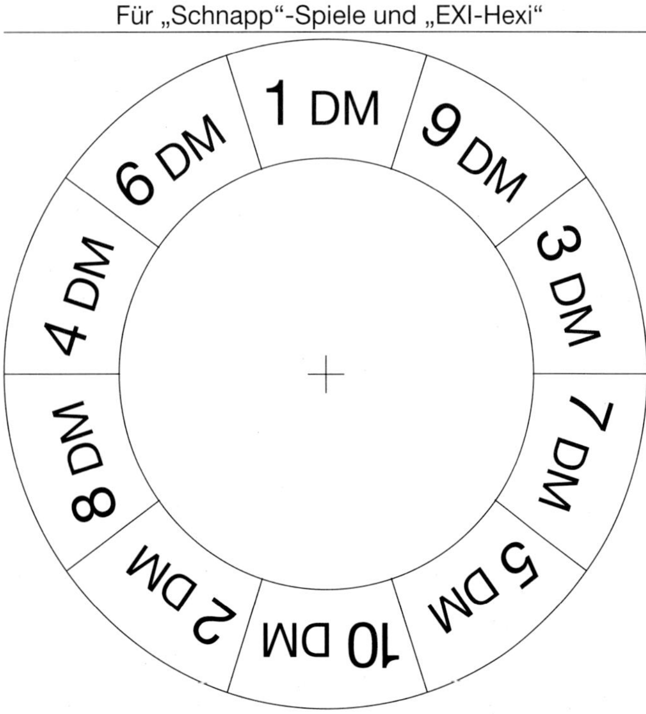

Für „Schnapp“-Spiele mit Geldquartett

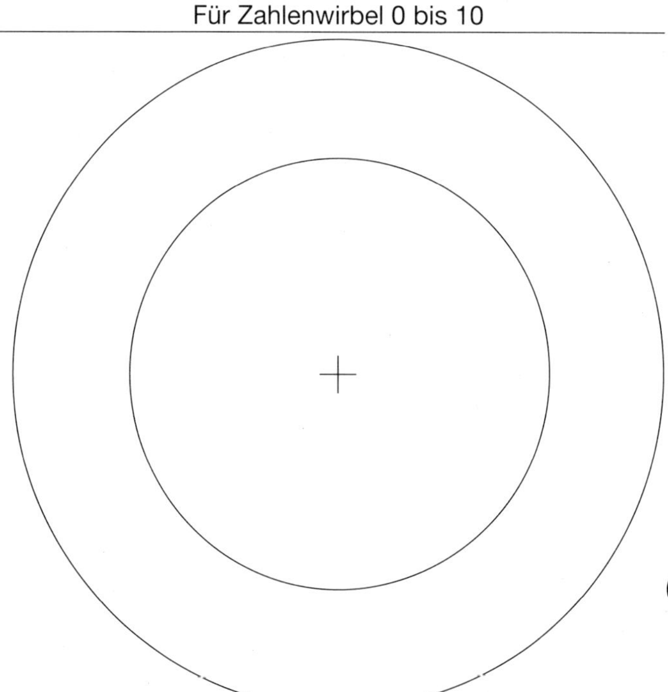

Blanko-Kopiervorlage

3. Holzwürfel

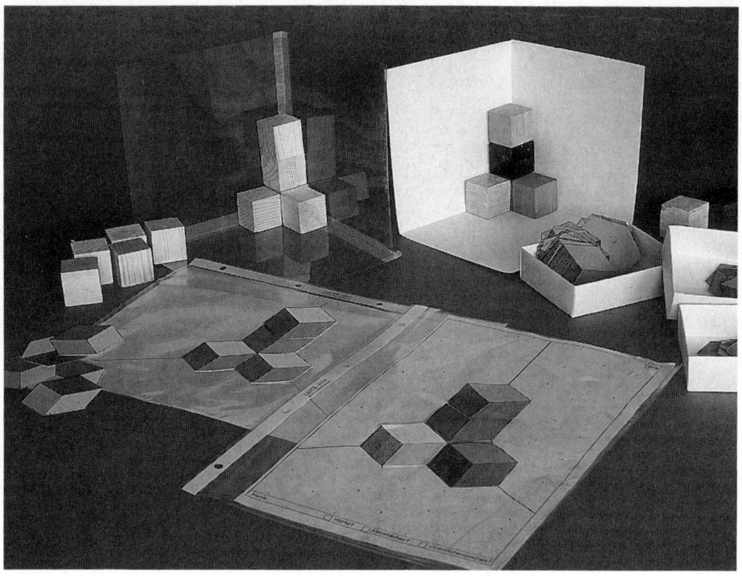

Abb. 3.1

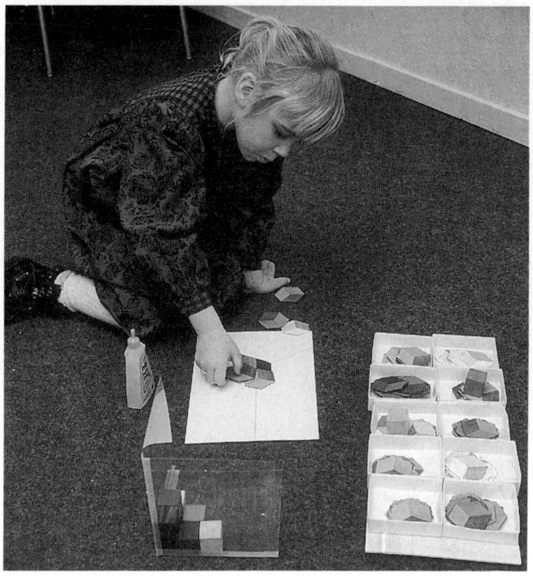

Abb. 3.2

Material

50 Holzwürfel 3 × 3 × 3 cm.

- Plaka-Farbe oder Plaka-Lack zum Anmalen von 10 dieser Holzwürfel in 10 unterschiedlichen Farben. Dafür kann man die Grundfarben mischen.
- Kopierfähiges Papier in den gleichen Farben wie die der angemalten Würfel.

3 Pappquadrate 15 × 15 cm zu einer „Raumecke“ zusammengeklebt.

Kopiervorlagen

- Würfelplättchen
- Punkteraster im DIN-A 4-Format mit eingezeichneter Raumecke und dem Eckwürfel

11 Abbildungen von Würfelbergen zum Anmalen in den Farben der gelegten Holzwürfel
1 Blanko-Karte zum Zeichnen weiterer Würfelberge (auch mit weniger als 10 Würfeln)

Herstellung

10 Einzelwürfel in 10 unterschiedlichen Farben anmalen.
Die restlichen 40 naturbelassenen Holzwürfel zunächst für freies Bauen benutzen.
27 davon später zu den 7 Teilen des Soma-Würfels zusammenleimen.
(Soma-Würfel siehe *)

* Die Würfelplättchen gibt es in Kunststoffausführung (weiß) zu kaufen als Teil des Medienpakets „Das Würfelkabinett – Mathematik zum Anfassen“. Darin finden Sie weitere Anregungen für die Arbeit mit Holzwürfeln und ihren Abbildungen.
** Siehe auch meinen Beitrag „Würfelkörper und ihre Abbildungen“ in „Praxis Grundschule“, Heft 2/91.

Hinweise für Lehrer

Welches Kind baut nicht gern mit Bauklötzen? Nutzen wir diese Tatsache, um Bereitschaft zur Auseinandersetzung mit geometrischen Fragestellungen zu wecken, den aktiven Umgang mit räumlichen Sachverhalten anzuregen und mathematische Denk- und Arbeitsformen aufzuschließen! Holzwürfel sind ein einfaches Arbeitsmittel, das viele Einsatzmöglichkeiten in sich birgt.

Freies Bauen mit Bauklötzen

Zunächst bauen die Kinder – für den Anfang mit wenigen Holzwürfeln – einfache Würfelkörper frei auf dem Tisch, später in einer „Raumecke“ (siehe Abb. 3.1), wodurch bei allen gebauten Körpern die gleichen Voraussetzungen gegeben sind. Es entstehen „Würfelberge“ oder „Würfelkörper“, die sich die Kinder gegenseitig beschreiben, die sie benennen, umordnen, verändern, nachbauen und an denen es viel zu zählen und zu entdecken gibt. Beim Bauen mit naturbelassenen Holzwürfeln kommt es vorrangig auf den Gesamtkörper an. Beim Bauen mit farbigen Würfeln können Lagebeziehungen benannt werden, z. B.:

- Der rote Würfel liegt über dem grünen (neben dem blauen, vor... zwischen... unter... usw.);
- vom roten Würfel sehe ich 3 Flächen (oben, rechts vorn und links vorn);
- vom grünen Würfel sehe ich 2 Flächen (rechts vorn und links vorn) usw.

Durch das Verbalisieren und Argumentieren wird eine grundsätzliche Forderung an den Mathematikunterricht erfüllt, denn „Jeder Unterricht ist gleichzeitig auch Deutschunterricht!"
Auf dieser Handlungsebene sollte man jedoch nicht stehen bleiben! Regeln und Gesetzmäßigkeiten müssen erkannt und intellektuell verarbeitet werden, damit sie in anderen Zusammenhängen zur Verfügung stehen.

Hierzu einige Arbeitsaufträge:

- Wie viele Einzelwürfel wurden verbaut?
- Wie viele Einzelwürfel kannst du sehen?
- Wie viele Flächen kannst du sehen, wenn der Würfel auf einer Glasplatte stehen würde? (Oberflächenquadrate)
- Wie viele Flächen siehst du von oben (unten), von rechts vorn (hinten) und von links vorn (hinten)?
- Wie viele Flächen kannst du nicht sehen, weil sie bei festen Verbindungen Klebeflächen wären?

Erkenntnisse, die daraus resultieren, sind z. B.:

- Die Gesamtzahl der Würfelflächen entspricht der Anzahl der Würfel × 6!
- Sichtbare Flächen kann man zählen. Zieht man sie von der Anzahl der gesamten Fläche ab, so erhält man die Anzahl der nicht sichtbaren Flächen!
- Zu einer festen Verbindung stoßen immer zwei Klebeflächen zusammen. Zieht man die Klebeflächen von der Gesamtzahl der Würfelflächen ab, so erhält man die Anzahl der Oberflächenquadrate!

Abbildungen mit Würfelplättchen

Gebaute Würfelkörper sind nur von kurzer Lebensdauer. Sie müssen wieder zerstört und die Einzelwürfel in den Kasten zurückgelegt werden. Das ist für viele Kinder nicht befriedigend. Sie möchten ihre Ergebnisse dauerhaft festhalten. Man kann die Würfelkörper mit einer Schrägbildkonstruktion abbilden, aber damit sind Grundschulkinder ohne eine Zeichenhilfe in jedem Fall überfordert.
Schnell geht das Abbilden der Würfelkörper mit „Würfelplättchen" aus Papier (siehe Kopiervorlagen) oder Kunststoff. Es sind perspektivische Darstellungen der tatsächlichen Würfel. Sie leiten in die ikonische Ebene über. Jeder Holzwürfel wird durch seine Abbildung, das Würfelplättchen, ersetzt. Die hellste Fläche ist immer oben, rechte und linke Flächen sind unterschiedlich stark schattiert, so daß die Abbildungen sehr plastisch wirken und „Einblicke" in die abgebildeten Würfelkörper ermöglicht werden.
Um auch farbige Würfelkörper abbilden zu können, kopieren Sie die Vorlage auf Papier in den 10 Farben (im Schreibwarenhandel erhältlich; einige Farben, z. B. Lila, müssen evtl. bestellt werden). Dann schneiden Sie die Würfelplättchen aus und legen sie in Einzelschachteln bereit. Bewahren Sie in jedem Fall das Original. Sie brauchen es später evtl. für weitere Kopien.
Beginnen Sie mit dem Abbilden zunächst mit Körpern aus nur wenigen Einzelwürfeln (z. B. 3). Als erstes wird immer der „Würfelberg" in die Ecke gebaut. Er ist Vorbild für die Abbildung.
Als Orientierungshilfe für das Abbilden benutzen Sie die Kopiervorlage mit der Raumecke und dem Punkteraster im DIN-A 4-Format. Darauf ist jeweils der Ausgangswürfel in der hinteren unteren Ecke schon vorgegeben. Die übrigen Würfel werden entsprechend ihrer tatsächlichen Lage und Farbe angelegt und später mit einem kleinen Punkt Papierklebstoff festgeklebt.
Bei Verwendung von Kunststoffplättchen ist es zweckmäßig, das Punkteraster auf ein Sperrholzbrett zu kleben, beides in eine Klarsichthülle zu stecken und diese mit Tesafilm zuzukleben. Zur „Ausrüstung" gehört dann außerdem ein nasser Schwamm zum Anfeuchten der Flächen. Ein Spritzer Spülmittel hebt die Oberflächenspannung des Wassers auf. Durch das Wasser haften die Kunststoffplättchen auf der Folie. Eine Blanko-Folie, die darüber gelegt wird, verhindert das Verrutschen. So kann das gelegte Bild mit dem Fotokopiergerät dauerhaft festgehalten werden. Nach dem Kopieren müssen die Plättchen trocknen und kommen dann

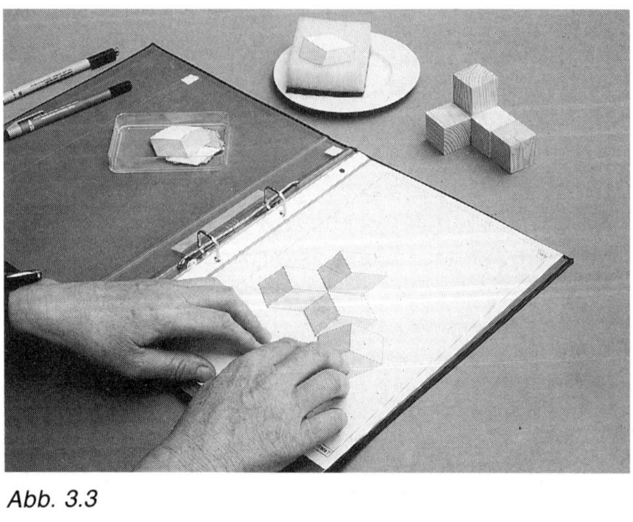

Abb. 3.3

zurück in den Kasten. Auch die Folien werden abgewischt und stehen für neue Legeübungen zur Verfügung.
Die Resultate werden mit den Namen der „Schöpfer“ versehen und im „Buch der Würfelberge“ aufbewahrt. Das ist ein Ordner im DIN-A 4-Format. Im Laufe der Zeit wächst so eine ansehnliche Zahl von Darstellungen heran, für die Sie als Lehrer kaum Zeit aufwenden müssen. Führen Sie den Vorgang ein paarmal für sich selbst durch, und heften Sie die Ergebnisse als Beispiele in das „Buch der Würfelberge“ ein.
Bei der Einführung der einzelnen Mengen bis 10 stellen wir aus den Abbildungen Sammlungen z. B. von „Dreiern“, „Vierern“, „Fünfern“ usw. zusammen.
Gleich von Anfang an sollen sich die Schüler daran gewöhnen, ihre „Bilder“ auch zahlenmäßig zu erfassen. Deshalb sind unter dem Punkteraster die Anzahlen der Einzelwürfel, der Klebeflächen und der Oberflächenquadrate einzutragen. Sie müssen vor dem Kopieren wieder abgewischt werden, damit Schüler, die diese Figur nachbauen wollen, zunächst selbst denken bzw. zählen müssen. Mit wachsender Anzahl der Einzelwürfel wächst auch die Zahl der möglichen „Würfelberge“ gewaltig. Es kann sich deshalb in den meisten Fällen nur um einen Teil der möglichen Kombinationen handeln.
Sollte das Kopieren der von Kindern gelegten „Bilder“ in Ihrer Schule mit Schwierigkeit verbunden sein, können die gelegten Figuren auch direkt aufgeklebt werden. Dann brauchen Sie allerdings etliche Kopien der Würfelplättchen für die Hand der Schüler. Das Ausschneiden und Aufkleben erfordert einen erheblichen Zeitaufwand.

Zeichnerische Abbildungen

Der erste Schritt zur eigenen zeichnerischen Darstellung gelegter „Würfelberge“ ist die Aufforderung: „Kannst du deinen Würfelberg auch auf den Blättern mit dem kleinen Punkteraster nachzeichnen?“
Gemeint sind gesondert anzufertigende Arbeitsblätter mit einem Punkteraster (Abstand der Punkte je 1 cm) wie auf der Blanko-Karte auf S. 30, aber im DIN-A 5-Format; diese werden in eine Folienhülle gesteckt. Die Kinder können mit wasserlöslichem Overheadstift auf dieser Folie zeichnen. Fehler beim Zeichnen können leicht korrigiert werden. Hilfreich beim Abwischen falsch gezeichneter Strecken sind Wattestäbchen, die man gezielter und kleinflächiger einsetzen kann als feuchte Papier- und Stofftücher. Wegen der Kürze der Strecken braucht kein Lineal verwendet zu werden. Das „freihändige“ Zeichnen ist leichter, weil der Umgang mit dem Lineal von der geplanten Linienführung ablenken könnte.
Für einige Grundschulkinder erscheint diese Aufgabe auf den ersten Blick als verfrüht, aber etliche versuchen es dennoch – mit gutem Erfolg!
Wichtig ist, daß die Figur zunächst mit Würfelplättchen gelegt und erst dann abgezeichnet wird!

Weitere Anregungen

Mit den genannten drei Abstraktionsstufen „Bauen“, „Legen“ und „Zeichnen“ haben wir jetzt die Möglichkeit, differenzierend weiterzuarbeiten und unterschiedliche Würfelkörper näher zu untersuchen. Dabei können auch schon in der Grundschule mathematische Erkenntnisse gewonnen werden.

Sehen wir uns zunächst einmal wachsende „Stangen“ genauer an:

- Jeder Würfel hat 6 Flächen.
- In jeder Stufe kommen also 6 Flächen hinzu.
- Die oberste Fläche der „alten“ Stange verbindet sich mit der Grundfläche des „neuen“ Würfels zu einer Klebefläche.
- Damit wächst die Anzahl der Oberflächenquadrate pro Stange um 4.
- Die Zahl der Klebestellen ist bei Stangen um 1 geringer als die Anzahl der Würfel. Sie wächst immer um 1.

Als Transferleistung und zur Differenzierung können dann in Fortsetzung der Reihe die Anzahl der Klebeflächen und der Oberflächenquadrate weiterer Stangen rein rechnerisch ermittelt werden. Interessant ist auch die Untersuchung wachsender Treppen als Reihen. Solche Aufgaben sind auf keinen Fall für die gesamte Klasse gedacht. Sie sind ein Angebot für besonders befähigte Schüler.
An der folgenden Aufgabe können wieder alle Kinder beteiligt werden: Würfelkörper aus 2, 3, 4 ... 10 Würfeln sollen gefunden und zu einer Ausstellung zusammengestellt werden. Dazu brauchen Sie natürlich eine viel größere Anzahl von Holzwürfeln, weil mit wachsender Anzahl der verwendeten Würfel auch die Zahl der möglichen Anordnungen als Würfelkörper stark wächst. Trotzdem reichen ca. 50 Holzwürfel aus, denn die gefundenen Körper können durch deren Abbildung (entweder mit Würfelplättchen gelegt und kopiert oder gezeichnet) ersetzt werden.
Bei „Würfelbergen“ aus mehr als drei Einzelwürfeln können die Würfel sehr verschieden angeordnet sein, und damit variiert auch die Anzahl der Klebeflächen und der Oberflächenquadrate. Betrachten wir exemplarisch einmal die Gruppe der „Vierer“: Es gibt 7 Grundformen mit ihren jeweiligen Spiegelungen. Letztere können Sie gut sichtbar machen, indem Sie die gefundene Figur oder auch deren Zeichnung in einem 90-Grad-Winkel aus zwei Spiegelkacheln stellen bzw. legen.

Abb. 3.4

Bei den „Vierern“ taucht zum ersten Mal folgende wichtige Tatsache auf: Volumen und Oberfläche sind je nach Länge der Einzelwürfel unterschiedlich: Je kompakter ein Würfelkörper gebaut ist, desto geringer ist die Anzahl seiner Oberflächenquadrate! Das kompakte „Viererpaket“ hat 4 Klebestellen (mit je 2 Klebeflächen) und 16 Oberflächenquadrate; alle anderen „Vierer“ haben nur 3 Klebestellen (× 2) und 18 Oberflächenquadrate.

Die „Vierer“ sind noch aus einem weiteren Grund interessant: Der berühmte dänische Mathematiker Piet Hein hat aus 6 dieser Grundformen und einem „Dreier“ seinen „Soma-Würfel“ zusammengesetzt.

Abb. 3.6

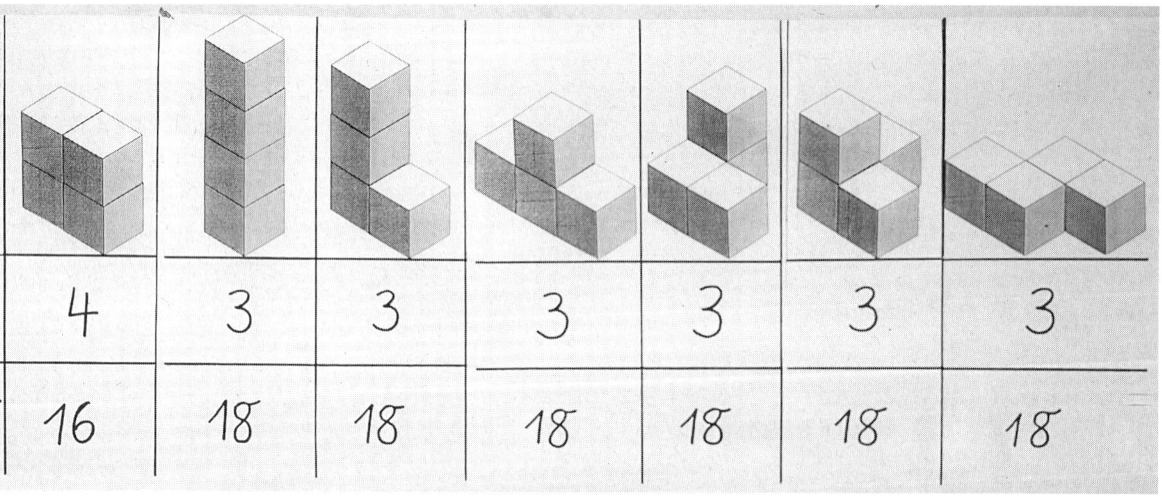

alle Vierer							
Klebestellen	4	3	3	3	3	3	3
Oberflächenquadrate	16	18	18	18	18	18	18

Abb. 3.5

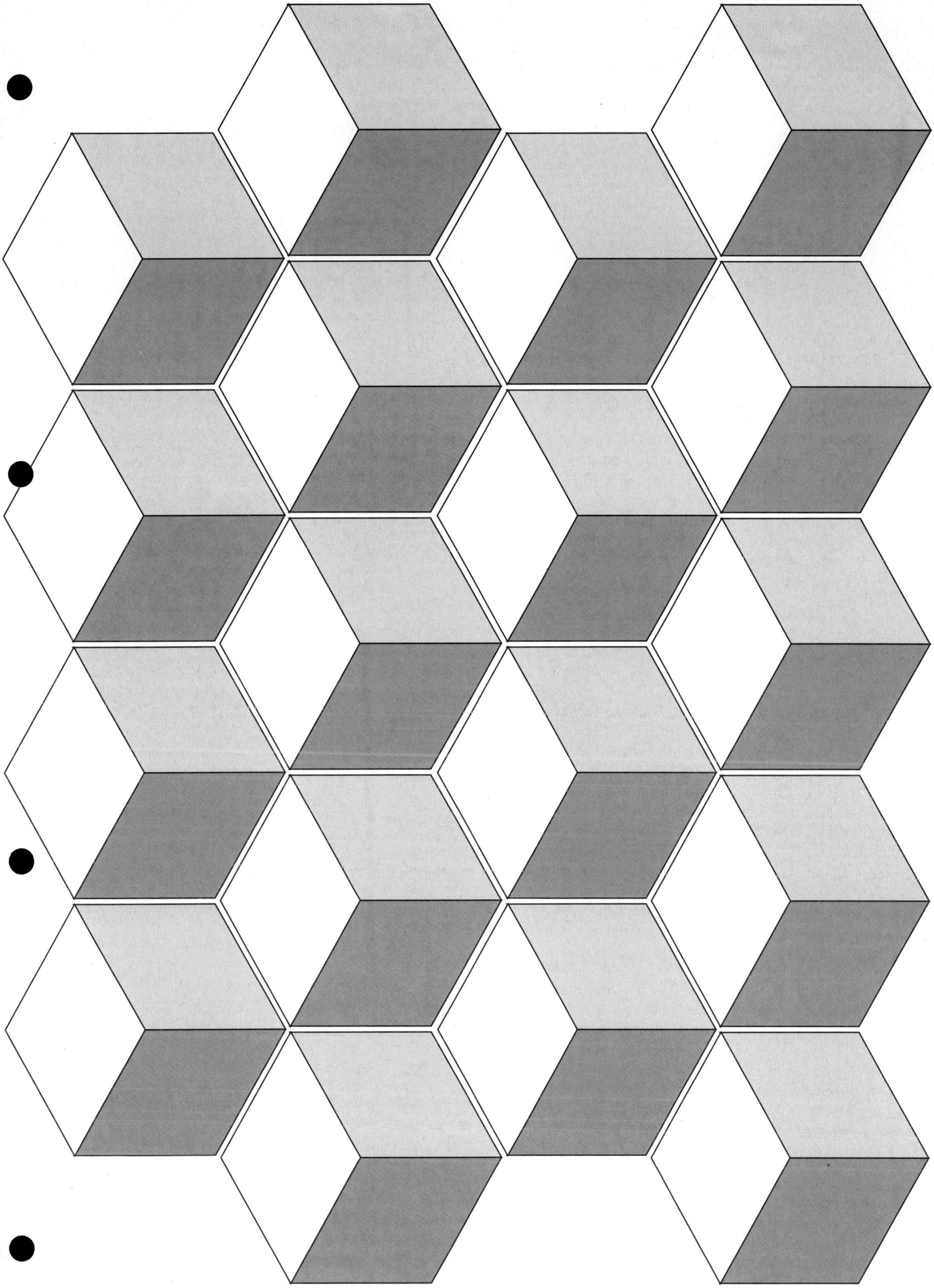

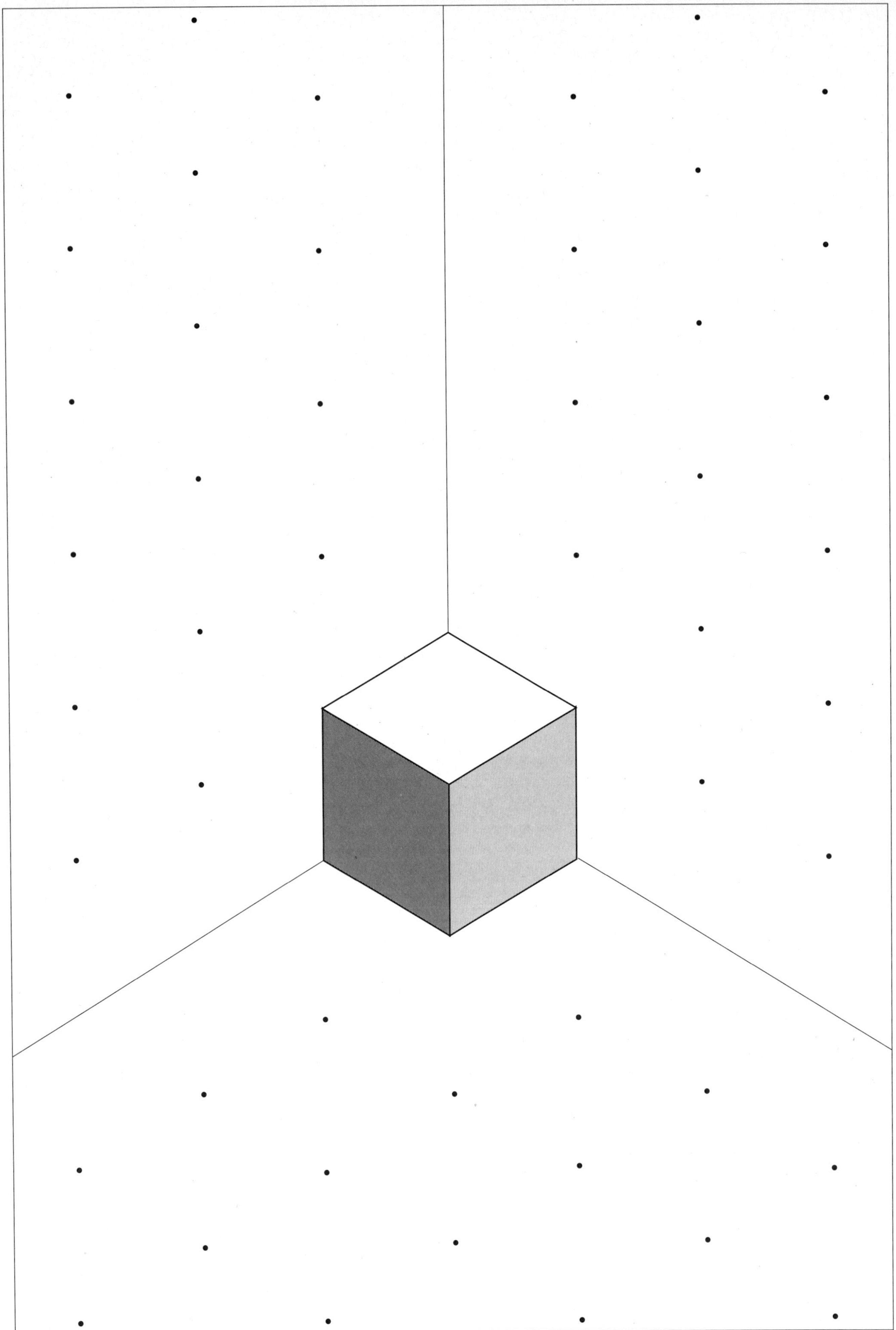

Name: ☐ Würfel? ☐ Klebeflächen? ☐ Oberflächenquadrate?

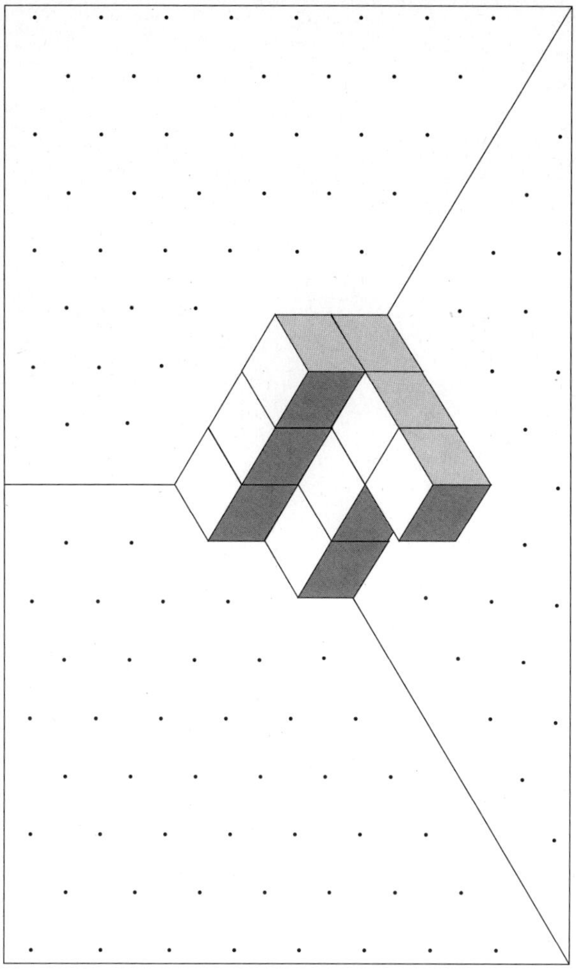

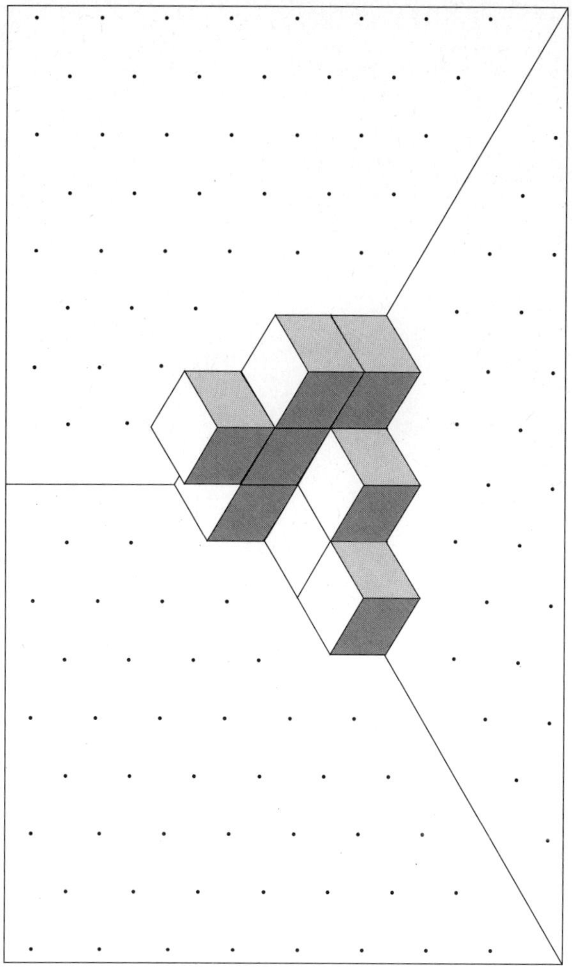

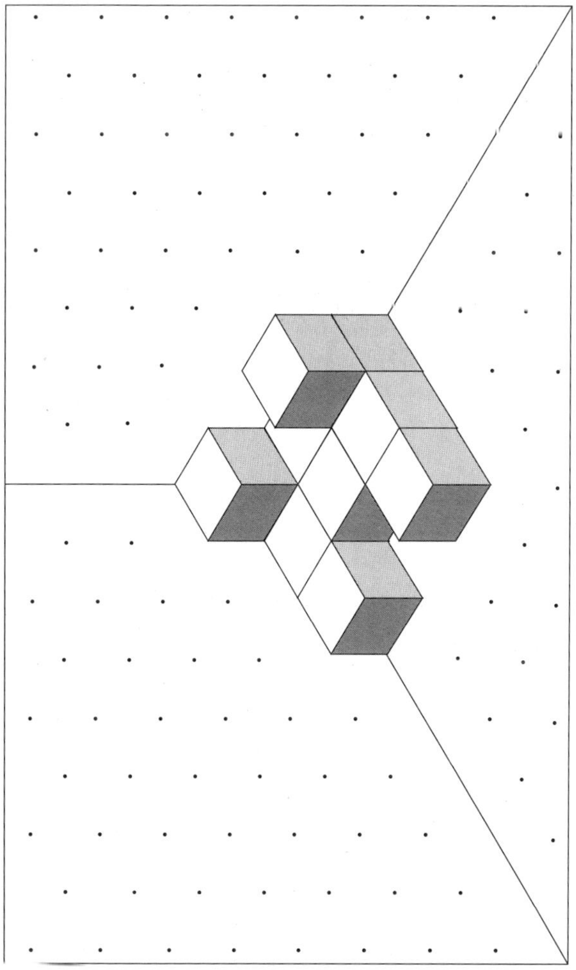

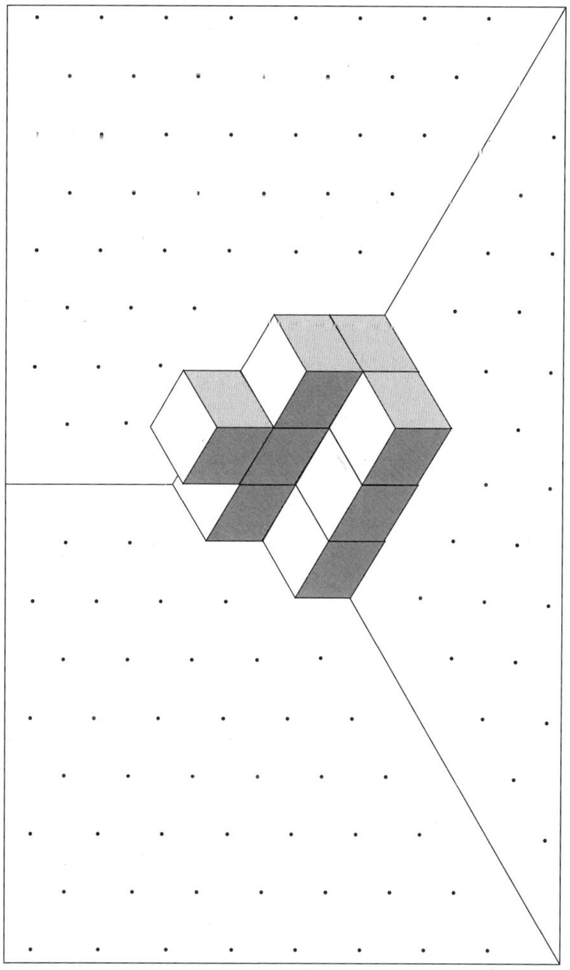

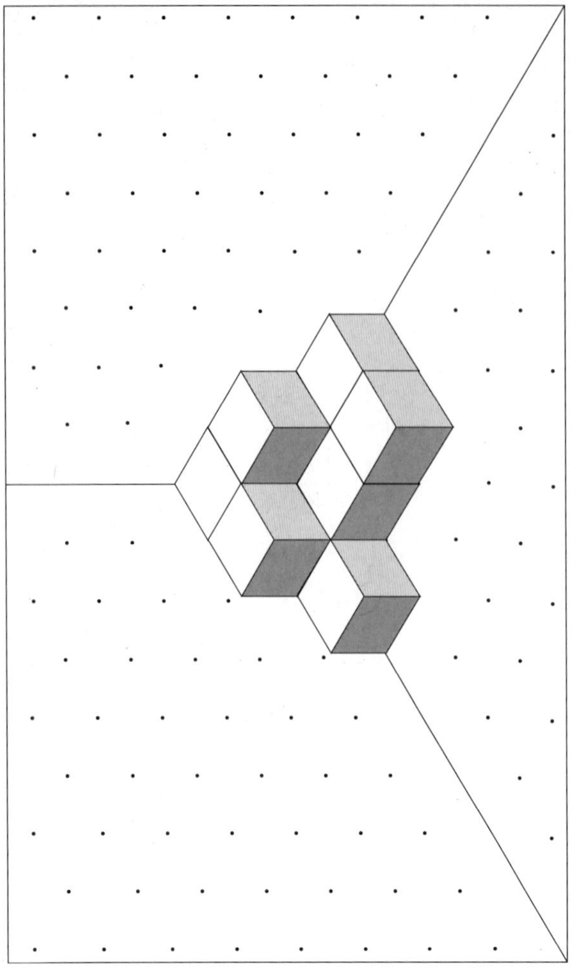

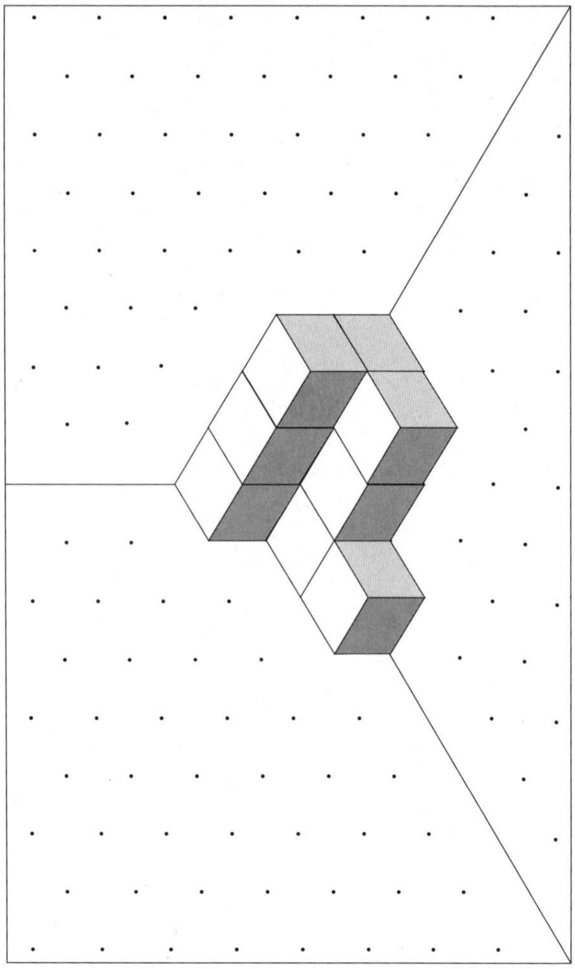

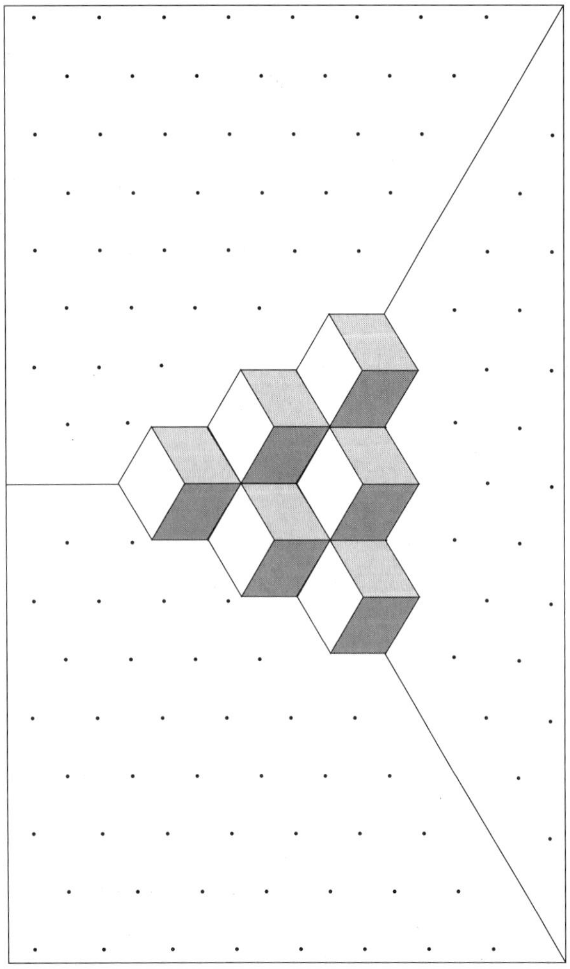

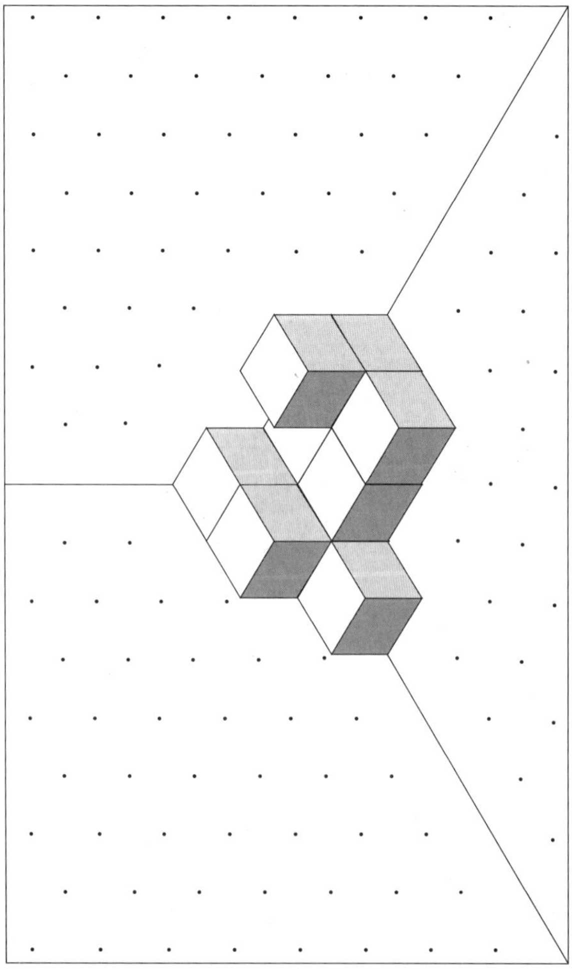

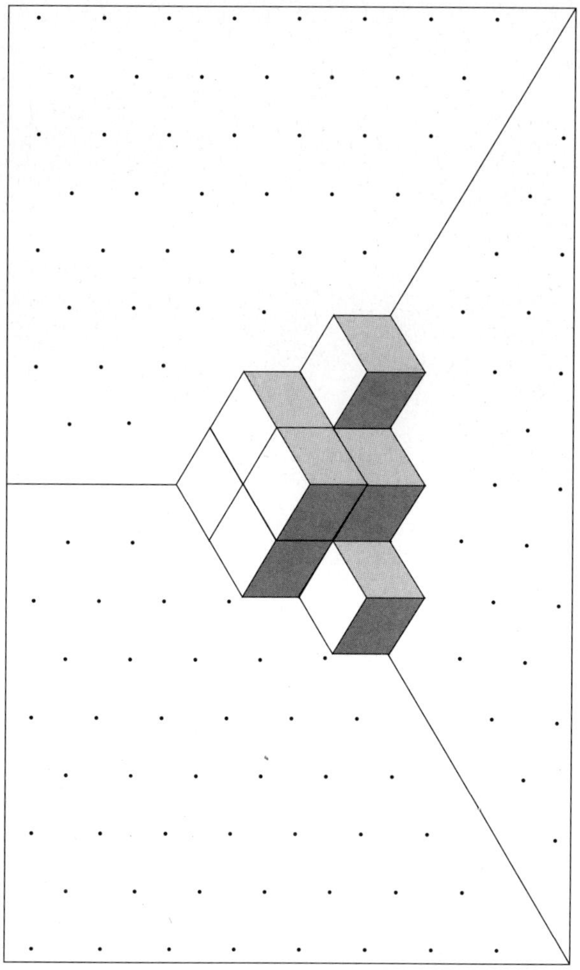

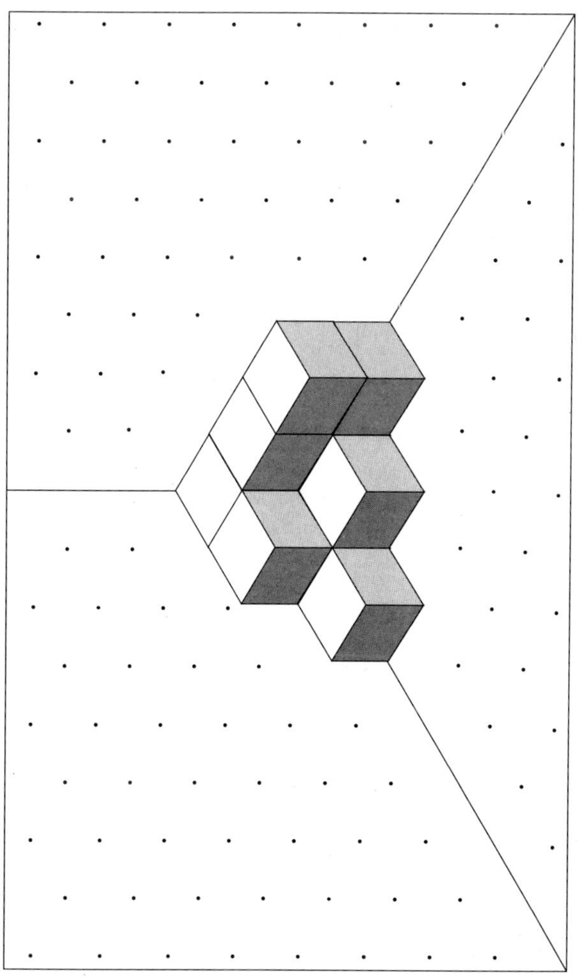
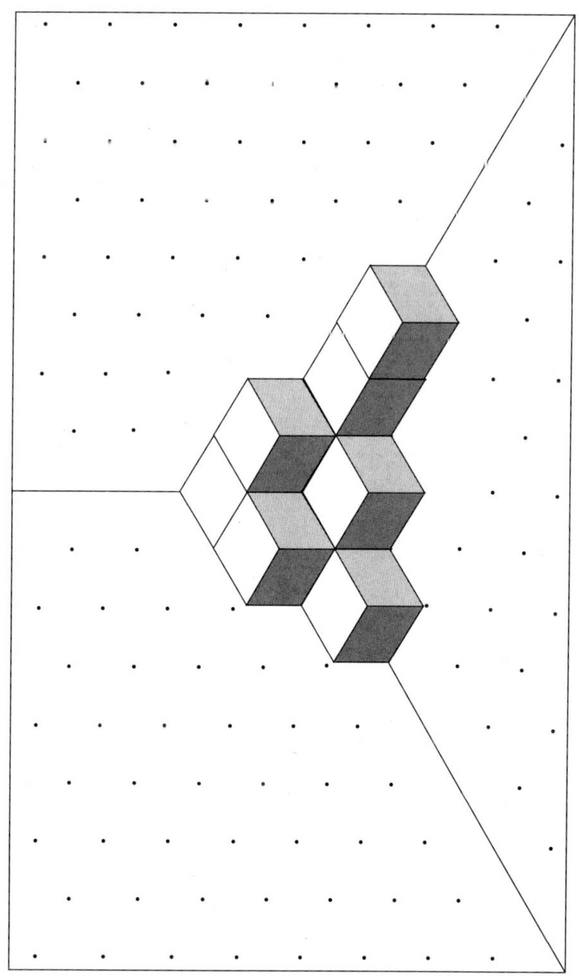

4. Rechenraupe

Abb. 4.1

Abb. 4.2

Material

1 Holzkugel Durchmesser 30 mm
1 Perle für die Nase
1 Schraube für den Schwanz (bis zur endgültigen Fertigstellung)
1 Perle für den Schwanz (nach endgültiger Fertigstellung)
1 Kunststoffaden ca. 30 cm lang

- Wollreste, Verpackungsband usw. für Haare
- Klebstoff für die Haare
- Farbstifte zum Anmalen des Gesichtes
- Je Raupe 10 Steckklötze (allseitig steckbar)

Kopiervorlagen

Keine

Herstellung

Perle an den Faden knoten.
Faden durch die große Holzkugel ziehen und die Holzkugel (= Nase) mit etwas Klebstoff festsetzen.
Schraube an das andere Ende des Fadens knoten (mögl. vom Lehrer oder von Eltern).
Haare ankleben (macht jedes Kind für sich).
Gesicht anmalen (macht jedes Kind für sich).
Mit fortschreitender Behandlung der Mengen „wächst" die Raupe um einen Steckklotz (Schraube durchstecken und quer stellen).
Wenn der Zehner voll ist, ca. 5 cm hinter dem Raupenende die Schwanzperle festknoten und mit etwas Klebstoff festsetzen (dabei brauchen die Kinder Hilfe).

Hinweise für Lehrer

Bei entsprechender Vorbereitung (siehe oben) können die Kinder ihre eigene Raupe selbst herstellen. Durch die kreative Ausgestaltung des Kopfes mit Haaren, Augen und Mund identifizieren sie sich von Anfang an mit dieser Rechenhilfe. Sie geben ihrer Raupe Namen und benutzen sie immer dann, wenn sie beim Ausrechnen wieder auf die Anschauung zurückgreifen wollen oder wenn sie ihre Lösungen mit Material überprüfen möchten. Sie sind somit ein ständiges Hilfsmittel bei der konkreten Durchführung geforderter Rechenoperationen und bei der Festigung der Mengenvorstellung.
Gleichzeitig haben viele Kinder zur Rechenraupe ein emotionales Verhältnis wie zu einem „Kuscheltier" und empfinden sie nicht als neutrales Rechengerät. Wegen der häufigen Benutzung muß der Faden sehr haltbar sein, da er sich sonst mit der Zeit durchreibt.
Für die Erarbeitung des 2. Zehners kommt eine „Schwester" oder ein „Bruder" hinzu, oder zwei Kinder legen ihre Raupen zusammen.

5. Zahlenteller

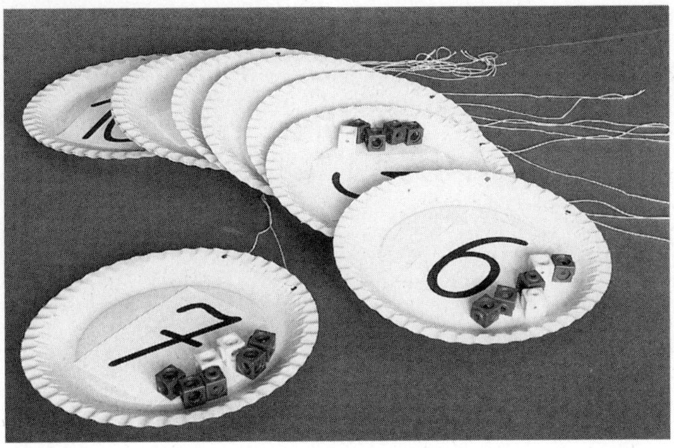

Abb. 5.1

Abb. 5.2

Material

11 Pappteller
- Ziffernkarten aus großen Ziffern
- Steckklötze, Bohnen oder andere Einzelelemente zum Drauflegen
- Bänder zum Aufhängen oder Umhängen

Kopiervorlagen

große Ziffern 0 bis 10

Herstellung

Pappteller lochen.
Bänder zum Umhängen einziehen und verknoten.
Ziffernkarten ausschneiden und aufkleben.

Hinweise für Lehrer

Dieses Arbeitsmittel ist unterschiedlich einsetzbar:

Mengen zuordnen

Die Kinder ordnen den Ziffern eine entsprechende Menge an Einzelelementen (Steckklötze, Bohnen, Holzwürfel...) zu oder zeichnen Bilder, die dazu passen.

Ziffernreihe aufbauen

Die Teller mit den Ziffern werden in der richtigen Reihenfolge (0, 1, 2, 3... 10 aufgehängt).

Zahlenraten mit Fragen

Die Kinder bekommen je einen Zahlenteller so um den Hals auf den Rücken gehängt, daß sie nicht wissen, welche Zahl sie tragen.
Dabei wählt man Ziffern aus dem bereits erarbeiteten Zahlenraum aus.
Die „Zahlenkinder" gehen frei im Klassenraum umher.
Die restlichen Kinder der Klasse dürfen so befragt werden, daß sie nur mit „ja" oder „nein" antworten können, z. B.:

„Bin ich kleiner als 5?"
„Bin ich größer als 5?"
„Bin ich die 5?"

Wenn sie ihre Zahl herausgefunden haben, dürfen sie ihren Zahlenteller nach vorn drehen. Dann stellen sie sich an den richtigen Platz in der Zahlenreihe.

Variante:

Zahlenraten ohne Fragen

Vorbereitung wie vorher.
Die Kinder dürfen keine Fragen stellen, sondern sie orientieren sich an den übrigen Zahlen und finden so heraus, welches ihre Zahl ist. Diese Variante ist viel schwieriger, weil von allen vorhandenen Zahlen auf die fehlende (die eigene) geschlossen werden muß.

Partner (Ergänzungszahl) suchen

Vorbereitung wie vorher, nur mit sichtbar vorn getragener Zahl.
Die Kinder wissen ihre Zahl.
Als Ergebniszahl 10 wird angegeben.
Jedes Kind sucht seine Partnerzahl, mit der zusammen es die Summe 10 ergibt.

6. Zahlenkette aus Papptellern

Abb. 6.1

Abb. 6.2

Material

22 Pappteller
- haltbarer, glatter Faden, z. B. Angelschnur oder ähnliches (ca. 20 cm länger als 11 Scheiben)
- Hefter zum Befestigen des Fadens zwischen den Scheiben (so daß sie sich verschieben lassen).

Herstellung

Immer 2 Pappteller werden Rücken an Rücken zusammengeheftet. Dazwischen wird die Angelschnur so geführt, daß die Teller sich verschieben lassen. Auf die Vorderseite kleben Sie je eine der großen Zahlen. Die Rückseite bleibt entweder leer, oder es können entsprechende Mengenbilder aufgeklebt oder gezeichnet werden.

Kopiervorlage

große Ziffern 0 bis 9 zum Ausschneiden

Hinweise für Lehrer

Diese Zahlenkette „wächst" analog zu den Rechenraupen der Kinder.

Didaktische Absicht

- Aufbau der Zahlenreihe (Zahlenstrahl) und Orientierungsübungen daran.
- Dreht man einige Ziffernkreise um, so fehlen diese in der Reihe und müssen gedanklich eingefügt werden (frontal für alle oder als Einzelübung). (Siehe Abb. 6.1)
- Weitere Übungen mit dem Zahlenstrahl (z. B. Addition und Subtraktion) sind möglich.
- Dadurch, daß sich die Scheiben auf dem Faden verschieben lassen, können auch Zerlegungen vorgenommen werden.
- Später kommen zu dieser Kette bis 10 weitere (11 bis 20, 21 bis 30, . . .) hinzu, und es läßt sich daraus entweder ein Zahlenstrahl oder ein Hunderterfeld aufbauen.

(Dieser Seite folgen drei Blätter mit Kopiervorlagen, die für 5, 6, 10 und 18 benötigt werden.
Achtung: Je 3mal kopieren und 1mal auf Pappe für 18!)

0	1
2	3

4 5

6 7

8

9

10

zu den Beispielen

(5) – Zahlenteller

(6) – Zahlenkette

(10) – Ziffern-Mengen-Puzzle

(18) – Rahmenpuzzle

7. Scheibe mit Mengenschüsseln

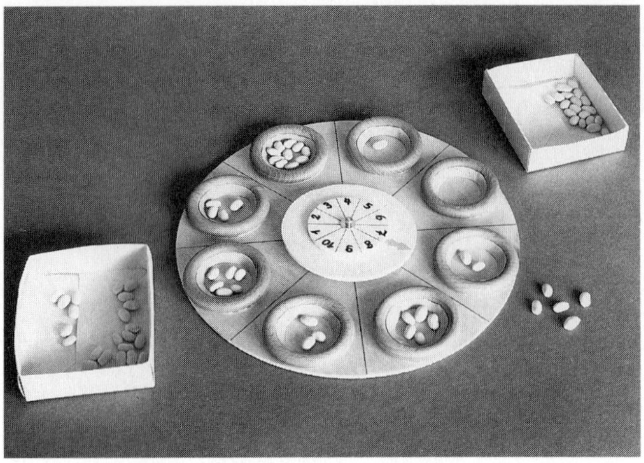

Abb. 7.1

Abb. 7.2

Material

(von unten nach oben aufbauen)
1 Abschlußmutter (mit Klebstoff festsetzen)
1 Holzscheibe Durchmesser 6 cm für den Pfeil
1 Unterlegscheibe
1 Holzscheibe Durchmesser 10 cm für Zahlenkreis (siehe Kopiervorlagen Glücksräder)
1 Unterlegscheibe
1 Mutter zum Festsetzen der großen Scheibe
1 Holzscheibe Durchmesser 26 cm mit 8 Gardinenringen (siehe bei Herstellung)
1 Gewindeschraube 3 × 20 mm

- Holzleim
- Holzlack für die große Scheibe
- Folie zum Beziehen
- Klebepfeil
- ½ bis 1 Paket Fimo-Knete

Herstellung

1. Große Scheibe in 8 Sektoren (45°) einteilen.
2. Gardinenringe in die Sektoren leimen.
3. Fimo-Knete in die Zwischenräume drücken, so daß Schüsseln entstehen.
4. Im Backofen bei 130° „backen".
5. evtl. mit Lack überziehen.

Weiterer Aufbau siehe bei Material.

Hinweise für Lehrer

Mit diesem Arbeitsmittel können die Kinder mit tatsächlichen Mengen umgehen. Als Legematerial eignen sich Bohnen, Erbsen, Mini-Kub-Steckklötze oder andere kleinere Gegenstände.

Gruppenspiele

„Zahl und Menge angleichen"
2–4 Mitspieler
80 Spielsteine

Spielverlauf

Durch Drehen an beiden eingebauten Glücksrädern (Pfeil und Ziffern) wird die Schüssel bezeichnet, in die die angegebene Menge hineingelegt werden soll. Dieses geschieht mit tatsächlichen Gegenständen (siehe oben).
Liegen schon Spielsteine darin, so muß die Menge an die Zahl angeglichen werden, d. h. entweder müssen Steine hinzugelegt oder herausgenommen werden.
Auf diese Weise gehen die Kinder handelnd mit Additionen (Hinzufügen, Auffüllen, Ergänzen zu) und Subtraktionen (Wegnehmen) um.

Das „Plus-Spiel" oder „Die böse Zehn"
2–4 Mitspieler
80 Bohnen oder ähnliches als Spielsteine

Vorbereitung

Die Spielsteine werden gleichmäßig an die Mitspieler verteilt: Jeder Mitspieler hat dafür eine Faltschachtel als Aufbewahrungsbehälter, in den reihum aus dem Gesamtvorrat immer 1 Spielstein gelegt wird. Schon diese Vorbereitung ist ein Lernzuwachs – das Verteilen wird eingeübt.

Spielverlauf

Reihumverfahren im Uhrzeigersinn.
Jeder Mitspieler, der an der Reihe ist, dreht an bei-

den kleinen Scheiben. Nach Stillstand zeigt der Pfeil auf eine der Mengenschüsseln. Auf gleicher Höhe steht eine Zahl.
Der Mitspieler legt die entsprechende Anzahl an Spielsteinen in die Mengenschüssel. Sind schon welche darin, so legt er seine dazu.
Dieses darf aber nur bis zu einer Gesamtmenge von 10 geschehen.
Würde diese überschritten werden, so kann der Spieler nicht ablegen und muß aussetzen.
Ziel ist es, möglichst schnell die eigenen Steine loszuwerden.
Wer das als erster geschafft hat, ist Sieger. Die übrigen Mitspieler setzen das Spiel fort, bis in jeder Schüssel 10 Steine liegen.
Variante: Der Spieler muß bei der „bösen Zehn" auch die Steine herausnehmen, die schon in der Schüssel liegen.

„Die böse Null":
2–4 Mitspieler
Ausgangssituation: In jeder Schüssel liegen 10 Spielsteine.

Spielverlauf

Glücksräder drehen und so viele Steine herausnehmen, wie die Zahl beim Pfeil anzeigt.
Sind nicht mehr so viele darin, kann der Spieler nichts tun (muß aussetzen).
Ziel ist es, möglichst viele Steine zu bekommen.

Spielende

Wenn alle Schüsseln leer sind.
Danach zählt jeder seine Steine.
Variante: Der Spieler muß bei der „bösen Null" die Menge der Steine aus seinem Vorrat wieder auf 10 auffüllen bzw. so viele Steine hineinlegen, wie er hat.
Weitere Spielregeln denken sich die Kinder selbst aus.

8. Setzleisten für Zehnertreppe

Abb. 8.1

Abb. 8.2

Material

2 Setzleisten ca. 50 cm lang mit je 11 Bohrungen im Abstand von 3,2 cm
2 Sortimente Holzstäbe der Längen 3, 5, 7, 9, 11, 13, 15, 17, 19, 21 cm (passend zum Durchmesser der Löcher)
1–2 Schaumstoffwürfel oder
1 Glücksrad bis 6 (10)
• je Setzleiste 55 Steckklötze (allseitig steckbar)

Kopiervorlagen

- Ziffernkärtchen 1 bis 10 (1Z, 2Z)
- Relations- und Rechenzeichen
- Relationskrokodile

Herstellung

Schneiden Sie aus den fünf je 50 cm langen Rundhölzern die angegebenen Holzstäbchen mit der Rosenschere ab.
Spitzen Sie sie mit einem Bleistiftanspitzer an beiden Enden etwas an,
oder bestellen Sie fertig geschnittene Stäbe.
Kopieren Sie alle Kopiervorlagen auf Karteikartenkarton.
Beziehen Sie diesen mit selbstklebender Folie.
Schneiden Sie die Kärtchen aus.

Hinweise für Lehrer

Dieses Arbeitsmittel ist vorwiegend im konkreten Bereich zu benutzen, beim Zuordnen von Ziffern- und Mengenkarten auch mit ikonischer und symbolischer Fortsetzung. Dabei wird zunächst im Zahlenraum bis 6, später bis 10 gearbeitet.

Einzelübung

Die Stäbe sollen zu einer aufsteigenden (oder fallenden) Treppe angeordnet, mit Steckwürfeln aufgefüllt und mit Ziffernkarten versehen werden. Die Reihenfolge in der Ausführung kann das Kind selbst wählen, entweder zuerst die Ziffernkarten, dann die Stäbe, dann die Steckklötze oder Stäbe, Ziffernkarten, Steckklötze oder Stäbe, Steckklötze, Ziffernkarten.
Diese Tätigkeiten setzen das Erkennen und Ordnen unterschiedlicher Längen voraus bzw. fördern es.

Beim Ordnen der Ziffern entsteht die Zahlenreihe bis 10 aufwärts bzw. von 10 abwärts. Es sind absichtlich 11 Bohrungen angebracht, um evtl. auch die Menge 0 zu berücksichtigen bzw. um anzudeuten, daß sich die Reihe fortsetzen läßt.

Würfelspiel

2 Mitspieler
2 Setzleisten mit Stäben, 2 × 55 Steckklötze
2 Sätze Ziffernkarten
2 Würfel (die 6 zugeklebt oder durch 0 ersetzt) oder
1 Glücksrad mit Zehnereinteilung

Spielverlauf

Es wird reihum gewürfelt. Entsprechend der gewürfelten Zahl darf wahlweise entweder der entsprechende Stab, die Ziffer oder (falls der Stab schon gesteckt ist) die Würfelmenge gesteckt werden.

Falls alle 3 Stufen für diese Augenzahl schon durchgeführt wurden, kann dieser Spieler nichts tun, und der Wurf verfällt.
Sieger ist, wer als erster seine Treppe in allen drei Stufen gefüllt hat.
Während dieses Spieles können Beobachtungen gemacht werden zum Sozialverhalten (z. B. Warten bzw. Hilfen von und für andere), zu Lösungsstrategien (z. B. Auszählen der Löcher, Ausmessen bzw. vorheriges Ordnen der Stäbe) usw.

Weitere Einsatzmöglichkeiten

Relationen

Mehrere Mengentürme werden ungeordnet auf Stäben in die Löcher gesteckt und miteinander verglichen.

Die Kinder sehen konkret die unterschiedliche Größe (Höhe) der Mengentürme. Hilfreich ist dabei das gefräßige Krokodil, das sein aufgerissenes Maul immer der größeren Menge zuwendet. Es wird später durch die symbolischen Zeichen $<$ und $>$ ersetzt.
Die Zahlenkärtchen werden vor, die Relationszeichen zwischen die Mengentürme gesteckt. So erscheint vor den Kindern die spätere Notationsform.

Zahlenraum bis 20

Später, wenn der Zahlenraum bis 20 (100) erweitert wird, können auch diese Mengen konkret gesteckt werden.

1	2	3	4	5
6	7	8	9	10
0	1			2
	z			z
+	=	>	<	=

9. Das Turmspiel

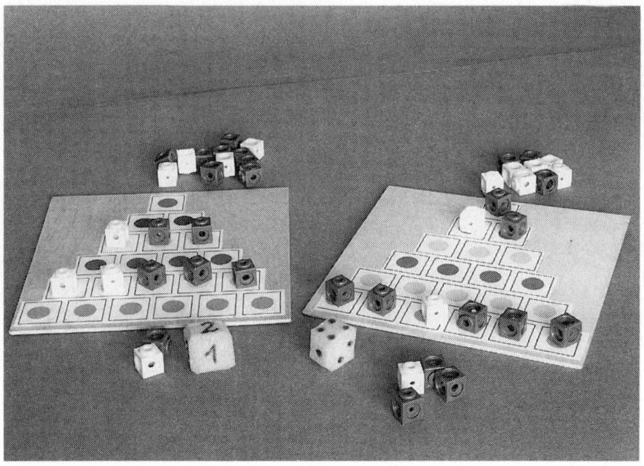

Abb. 9.1

Abb. 9.2

Material

2 Sperrholzbretter 22 × 22 cm
- pro Spielplan 21 Setzsteine (z. B. Steckwürfel)
- farbige Klebepunkte
- Folie zum Beziehen

1 oder 2 Würfel (Augenwürfel oder Ziffernwürfel)

Herstellung

1. Kopiervorlagen ausschneiden.
2. Spielpläne auf die Sperrholzbretter kleben.
3. Jede Reihe mit farbigen Klebepunkten bekleben (jede Reihe in einer anderen Farbe).
4. Gesamtes Brett mit Folie überziehen (siehe Abb. 9.3).

Kopiervorlage

Spielpläne

Hinweise für Lehrer

Auch in diesem Spiel gehen die Kinder mit konkretem Material um. Würfelbilder oder Zahlen müssen erkannt, die entsprechende Reihe auf dem Spielplan identifiziert und mit Setzsteinen belegt werden.

Mitspieler

2 Kinder

Spielablauf

Jeder Spieler erhält eine Grundplatte.
Es wird abwechselnd gewürfelt.
Je nach Augenzahl werden die Felder einer Reihe mit Spielsteinen belegt.
Ist die erwürfelte Reihe bereits abgedeckt, kann der Spieler nicht setzen, und der Partner kommt an die Reihe.
Gewonnen hat, wer als erster alle Reihen mit Spielsteinen abgedeckt hat.

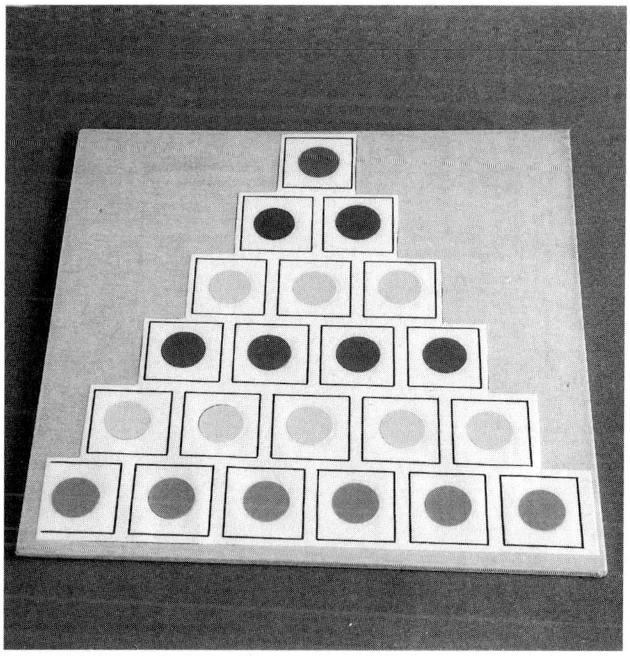

Abb. 9.3

10. Ziffern-Mengenpuzzle aus Holz

Abb. 10.1

Abb. 10.2

Material

11 Holzbrettchen 10 × 18 cm (werden später in je 2 Puzzlehälften zersägt bzw. sind im Materialangebot schon fertig)
55 Klebebilder oder Klebepunkte

Kopiervorlagen

- Ziffern 0 bis 10 zum Ausschneiden

Herstellung

Ziffernvorlage auf Folie kopieren.
Folienziffern ausschneiden.
Ziffer auf die eine Puzzlehälfte kleben.
Auf die andere Hälfte entsprechende Anzahl von Klebebildern oder Klebepunkte setzen.
Das ganze Brettchen mit Folie beziehen.
Mit der Laubsäge oder einer anderen Säge (Stichsäge oder Tischsäge) in Kurven auseinandersägen.

Hinweise für Lehrer

Diese Form des „Puzzelns“ ist den meisten Kindern vertraut. Die Kontrolle liegt im Ineinanderpassen der beiden Puzzleteile.
Manche Kinder finden die Teile durch Probieren zusammen. Das ist am Anfang durchaus erlaubt. Dadurch bekommt der Beobachter ebenfalls Aufschluß über die Ziffern-/Mengenkenntnis der Kinder.
Die richtig zusammengelegten Teile helfen Kindern mit geringen Ziffern- und Mengenkenntnissen, Zahlen und Mengenbilder einander zuzuordnen.

0123

456

7890

11. Fühlziffern

Abb. 11.1

Abb. 11.2

Material

22 Holzbrettchen 10 × 10 cm

Kopiervorlagen

- Ziffern 0 bis 9 zum Ausschneiden als Spiegelbilder

Für die Fühlziffern

- Filz und Schmirgelpapier
- Durchpauspapier
- Klebstoff

Für den Operatorkasten (Abb. 11.3)

1 Karton mit Deckel
- ca. 50 cm Klettenband mit Gegenstreifen

1 Stück Stoff ca. 10 × 20 cm
1 rechteckiges Klebeetikett Aufschrift E = Eingabe (links anbringen)
1 Kreis als Operatorzeichen
1 rechteckiges Klebeetikett Aufschrift A = Ausgabe (rechts anbringen)
- Folie zum Beziehen der vorderen Fläche
- wasserlösliche Folienstifte zum Beschriften

Für den Fühlkasten (Abb. 11.1)

- auf den gleichen Karton die andere Fläche mit einem Blatt Papier mit großem Fragezeichen bekleben

Herstellung

Fühlziffern

Spiegelbildliche Ziffernschablone auf die Rückseite von Filz bzw. Schmirgelpapier legen. Durchpauspapier dazwischenlegen und Umrisse nachzeichnen.
Ziffern aus Filz bzw. Schmirgelpapier ausschneiden.
Ziffern auf Holzbrettchen kleben.

Fühlkasten (Abb. 11.1)

Karton mit Deckel besorgen.
An den Seiten Löcher für die Hände hineinschneiden.
In den Deckel einen Schlitz schneiden.
Schlitz mit Klettenband umkleben (selbstklebend) (zusätzlich mit Hefter festklammern).
Stoffstück entsprechend mit Gegenstreifen des Klettenbandes umnähen.
Fühlziffern, Buchstaben oder Gegenstände „verstecken" und „erfühlen" lassen.

Operator-Kasten (Abb. 11.3)

Bei entsprechender Veränderung der Vorderansicht läßt sich der Fühlkasten schnell in einen Operator-Kasten verwandeln.

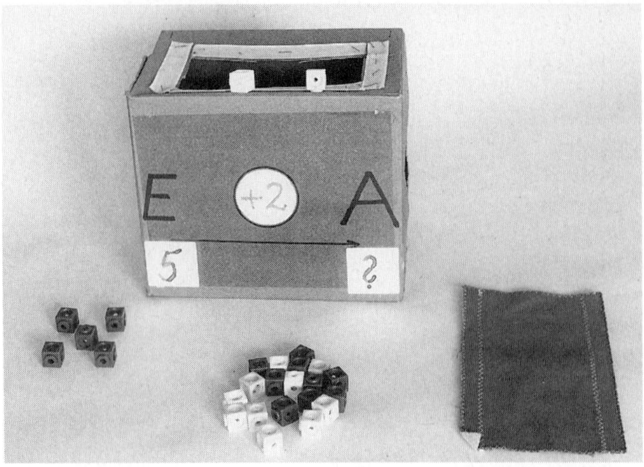

Abb. 11.3

Abb. 11.4

Hinweise für Lehrer

Diese taktile Berührung mit den Zahlen spricht zusätzlich weitere Sinne an.
Wenn Sie den (die) Anfangsschreibpunkt(e) und die Schreibrichtung auf das Holz malen, können die Kinder sich daran in die Schreibweise „einfühlen" – ein wichtiger Schritt im Ziffern-Schreibkurs.
Außerdem lieben die Kinder das Verstecken und das Ertasten von Verstecktem im Fühlkasten. Diese Tätigkeit fördert die Konzentration, denn ohne Hilfe der Augen ist es gar nicht immer leicht, die richtige Ziffer herauszufinden (Abb. 11.4).
Natürlich kann man auch Buchstaben oder Gegenstände in dem Fühlkasten verstecken.

Weitere Spiele mit den Fühlziffern siehe auch „Zahlenteller" – Material 5.
Die Holzbrettchen mit den Zahlen werden dabei in eine Klarsichthülle mit einem Um- bzw. Aufhängeband gesteckt, und die entsprechende Anzahl von Steckklötzen kommt auch dort hinein. Beim Zahlenraten werden sie den Kindern um den Hals auf den Rücken gehängt.
Mit dem Operatorkasten können Rechenoperationen tatsächlich handelnd durchgeführt werden. Dabei werden Umkehroperationen und Leerstellen im Spiel verdeutlicht.

12. Zerlegungskästen

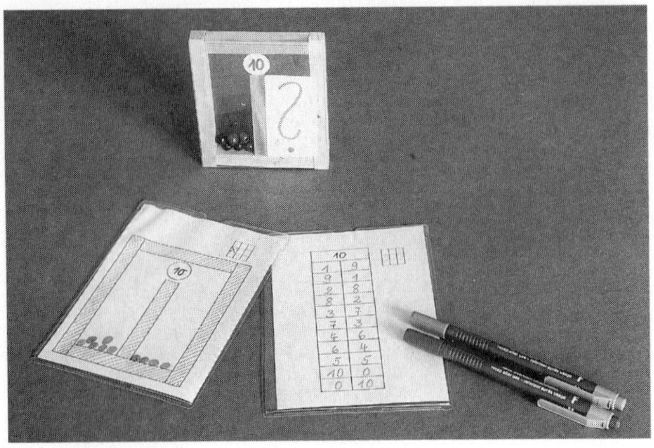

Abb. 12.1: Zerlegungskasten 10

Abb. 12.2

Material

für 8 Kästen (Mengen 3 bis 10)

16 Leisten 1 × 1 × 11 cm
24 Leisten 1 × 1 × 7 cm
16 Plexiglasscheiben 9 × 11 cm
52 Perlen in 2 Farben
- Alleskleber
- Holzleim

Kopiervorlagen

für die Mengen 3 bis 10:

1 Blanko-Zerlegungskarte zum zeichnerischen Darstellen der Teilmengen jeder Menge von 3 bis 9 (Inhalt bitte selbst eintragen)
1 Zerlegungskarte zum zeichnerischen Darstellen der Menge 10

- Zerlegungskarten zum schriftlichen Darstellen in Ziffern aller Zerlegungsmöglichkeiten jeder Menge von 3 bis 10.

Herstellung

1. Leisten mit Holzleim zum Rahmen zusammenleimen.
2. Mittelsteg an die untere Leiste anleimen.
3. Rahmen auf eine der Plexiglasscheiben aufkleben.
4. Trocknen lassen, da sonst evtl. die Perlen festkleben.
5. Perlen (3, 4,... 10 Stück) einlegen (für die 100er und 1000er Kästen siehe unten).
6. Deckel aus Plexiglas aufkleben.
7. Aufkleber für Ziffer mit Inhalt aufkleben.
8. Aufkleber mit Fragezeichen auf eine Hälfte kleben.

Hinweise für Lehrer

Dieses Arbeitsmittel ist in allen drei Repräsentationsebenen einsetzbar.
Die Kinder können entweder allein oder mit Partner damit arbeiten:

a) im konkreten Bereich

Durch gezieltes oder zufälliges Schütteln werden die vorhandenen Perlen in zwei Teilmengen zerlegt. Die eine ist sichtbar, die andere wird von dem aufgeklebten Etikett mit Fragezeichen verdeckt.

Einzelarbeit
sichtbare Menge nennen
unsichtbare Menge berechnen
Kontrolle durch Umdrehen (Vorsicht, seitenverkehrt!) = Tauschaufgabe

Partnerarbeit
Partner sitzen sich gegenüber
Partner 1 sieht nur eine Teilmenge und das Fragezeichen
Partner 2 sieht beide Teilmengen
Partner 1 sagt sichtbare und unsichtbare Menge
Partner 2 kontrolliert (Vorsicht, seitenverkehrt!) = Tauschaufgabe
Partnerwechsel

b) im ikonischen Bereich

Einzelarbeit
Durch Schütteln Teilmengen herstellen
sichtbare Menge auf die Folienhülle der Arbeitskarte zeichnen
unsichtbare Teilmenge ergänzen (zeichnen)
Kontrolle durch Umdrehen (Vorsicht, seitenverkehrt!) = Tauschaufgabe

c) im symbolischen Bereich

Einzelarbeit

Durch gezieltes Schütteln (Geschicklichkeitsspiel) alle möglichen Teilmengen herstellen

die jeweiligen Teilmengen mit Ziffern auf die Folienhülle der Arbeitskarte schreiben

Kontrolle durch Umdrehen (Vorsicht, seitenverkehrt!) = Tauschaufgabe

Weiterer Hinweis

Wenn die Kinder ihre Ergebnisse aufbewahren sollen, müßten Sie für b) mehrere Kopien und für c) eine Kopie pro Kind bereitstellen. Das ist sehr „kopierintensiv"; daher der Vorschlag, die Ergebnisse auf die Folienhülle zeichnen zu lassen!

Nach dem gleichen Prinzip arbeiten die Kinder mit den Zerlegungskästen der Mengen 100 und 1000 (siehe Fotos, Materialliste und Herstellungsanleitung).

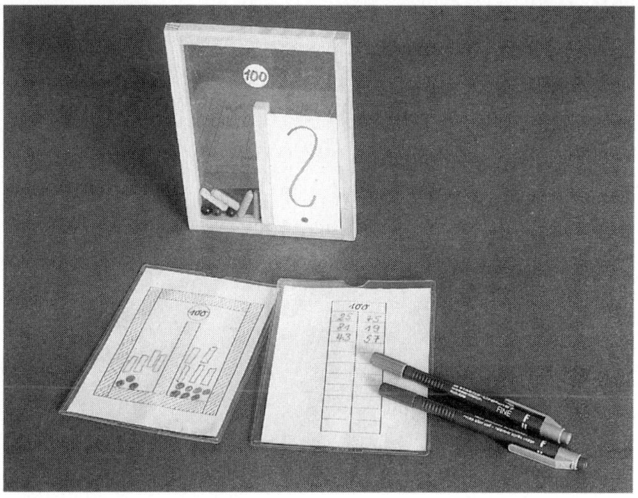

Abb. 12.3: Zerlegungskasten 100

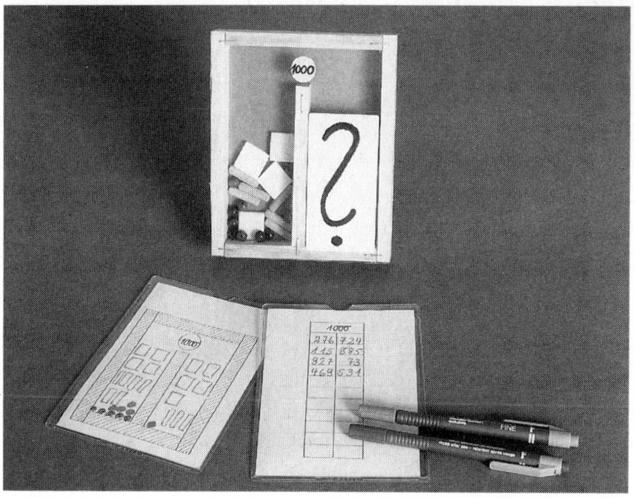

Abb. 12.4: Zerlegungskasten 1000

Material für den 100er-Kasten

- 2 Leisten 1 × 1 × 17 cm
- 3 Leisten 1 × 1 × 10,5 cm
- 2 Plexiglasscheiben 17 × 12,5 cm
- 10 Perlen (evtl. in 2 Farben) für die Einer
- 9 Dübelhölzer (6er-Dübel) für die Zehner
- Alleskleber
- Holzleim

Kopiervorlagen

- Zerlegungskarte zum zeichnerischen Darstellen der Teilmengen
- Zerlegungskarten zum schriftlichen Darstellen in Ziffern von 11 Zerlegungsmöglichkeiten in der Menge 100

Herstellung

siehe oben, aber 10 Perlen (E) und 9 Dübelhölzer (Z) einlegen.

Material für den 1000er-Kasten

- 2 Leisten 1,5 × 1 × 17 cm
- 3 Leisten 1,5 × 1 × 10,5 cm
- 2 Plexiglasscheiben 17 × 12,5 cm
- 10 Perlen (evtl. in 2 Farben) für die Einer
- 9 Dübelhölzer (6er-Dübel) für die Zehner
- 9 Holzplättchen 2 × 2 cm für die Hunderter
- Alleskleber
- Holzleim

Kopiervorlagen

- Zerlegungskarte zum zeichnerischen Darstellen der Teilmengen
- Zerlegungskarten zum schriftlichen Darstellen in Ziffern von 11 Zerlegungsmöglichkeiten der Menge 1000

Herstellung

siehe oben, aber 10 Perlen (E), 9 Dübelhölzer (Z) und 9 Holzplättchen (H) einlegen.

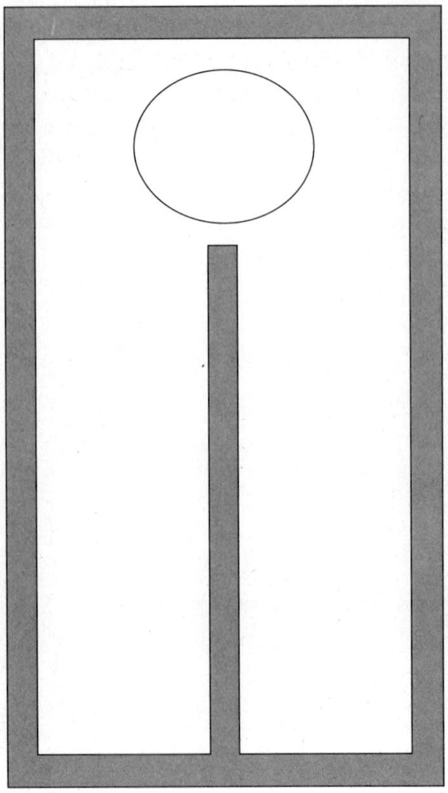

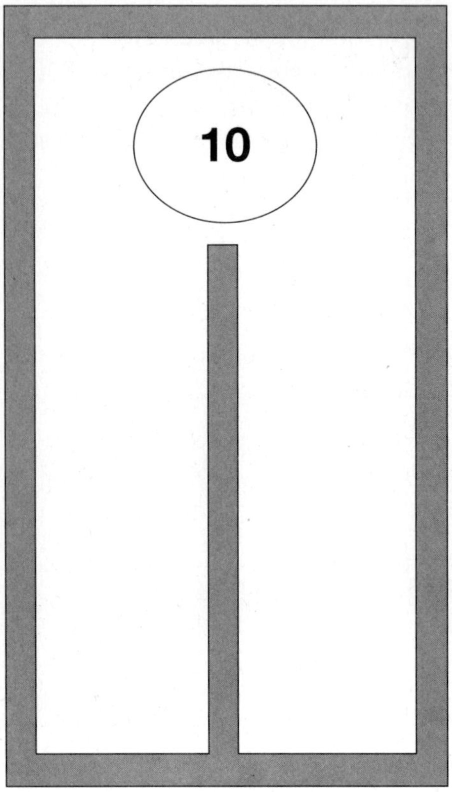
10

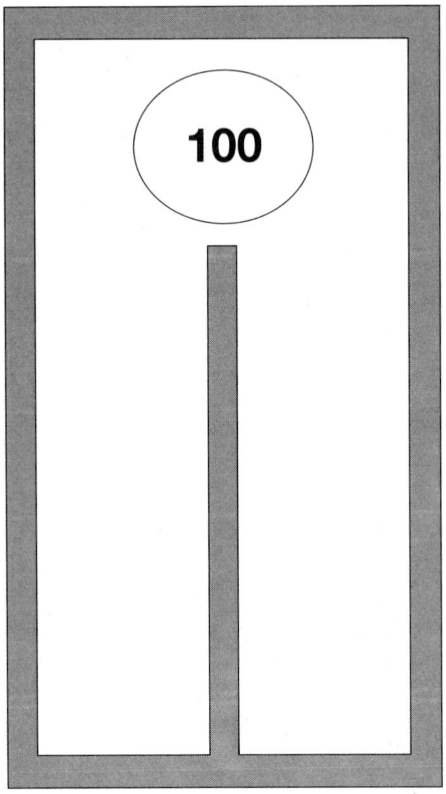
100

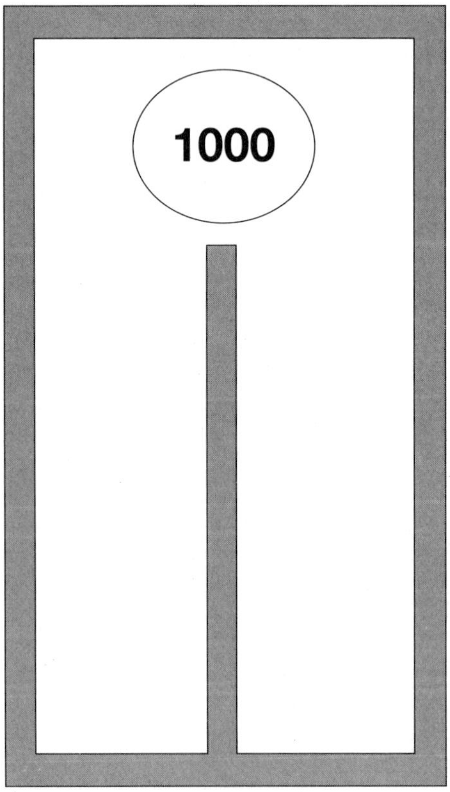
1000

3	

4	

5	

6	

7	

8	

9	

10	

100	

100	

1000	

1000	

13. Die Waage

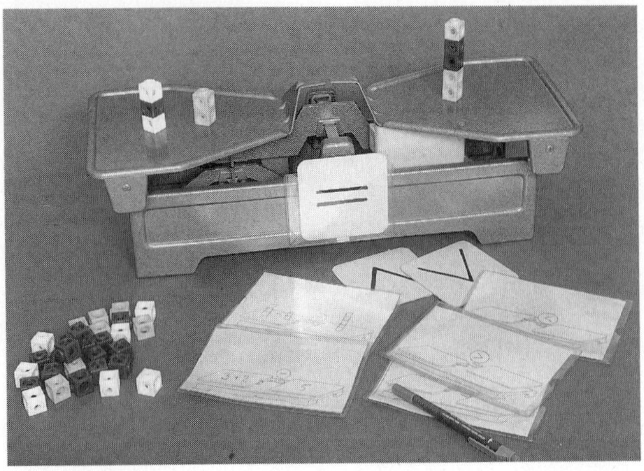

Abb. 13.1

Abb. 13.2

Material

1 Balkenwaage
- Steckklötze
- Zeichen für „gleich“, „ungleich“, „schwerer als“, „leichter als“ zum Anheften an die Waage
- Folienhüllen für die Kopiervorlagen

Kopiervorlagen

1 Blanko-Karte für Gleichungen = (diese Karte 4 mal kopieren für Tauschaufgaben und Umkehraufgaben)
1 Blanko-Karte für Ungleichungen
1 Blanko-Karte für „schwerer als“
1 Blanko-Karte für „leichter als“

Hinweise für Lehrer

Die Waage ist ein unentbehrliches Mittel, das Prinzip der Gleichungen (=), der Ungleichungen und der Relationen „schwerer als“ (>) und „leichter als“ (<) auch physikalisch erfahrbar zu machen.
Tauschaufgaben und Umkehraufgaben lassen sich an ihr auf der Handlungsebene verdeutlichen. Die gekennzeichneten Waagen auf den Arbeitskarten ermöglichen zunächst noch das Legen mit Steckklötzen, die u. U. auch abgezeichnet werden können. Später werden die Klötze bzw. Zeichnungen durch Ziffern ersetzt, und die Schreibweise und Bedeutung der Gleichung wird nachvollziehbar.
Die Kinder arbeiten gern mit der Waage und wiegen auch Gegenstände (Hefte, Bücher usw.) damit aus. Das erfolgt entweder

- im direkten Vergleich: 2 Gegenstände werden hinsichtlich ihres Gewichtes (ihrer Masse) miteinander verglichen
  oder
- im indirekten Vergleich: Gegenstände werden mit der Gewichtseinheit „Steckklotz“ ausgewogen.

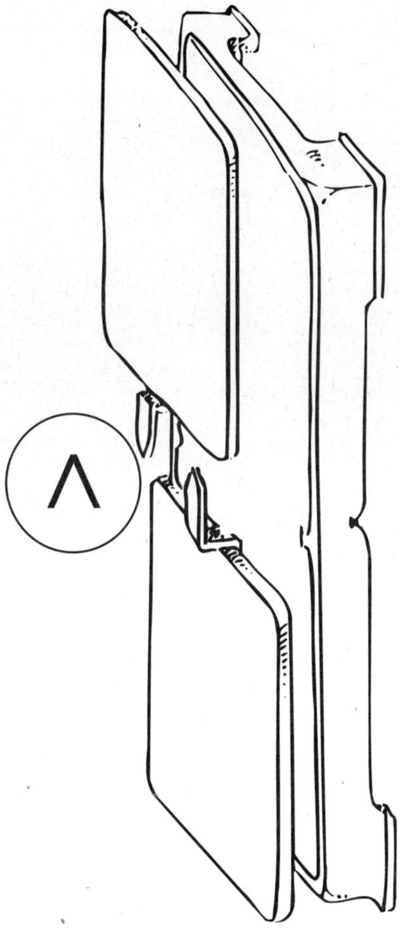

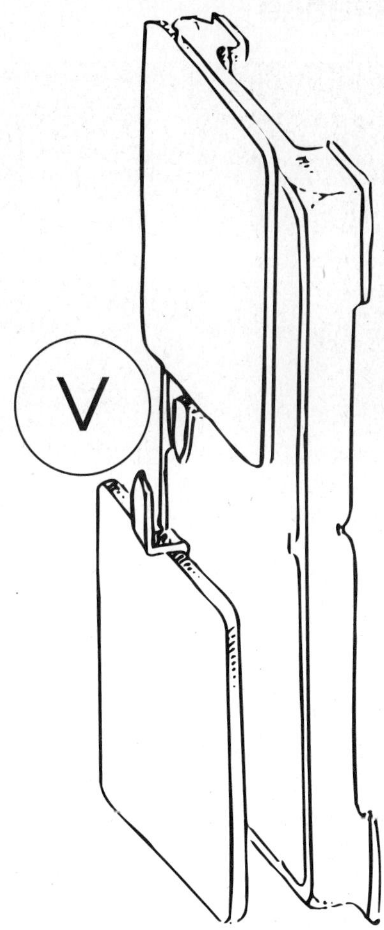

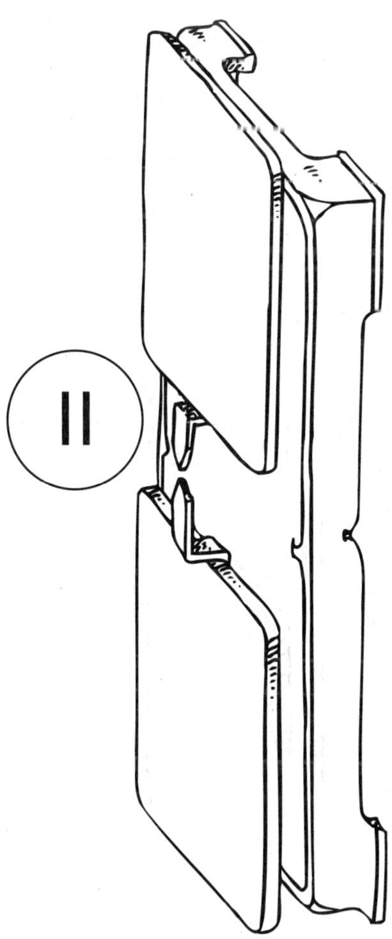

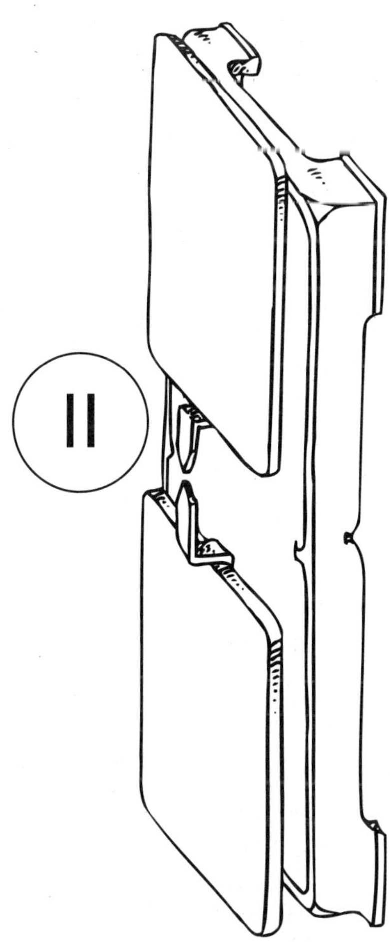

14. Super-Acht

Abb. 14.1

Abb. 14.2

Material

(von unten nach oben verarbeiten)
1 Mutter als Abschluß (mit Klebstoff festsetzen)
1 Holzscheibe Durchmesser 10 cm
1 Unterlegscheibe
1 Holzscheibe Durchmesser 20 cm
1 Unterlegscheibe
1 Mutter zum Festsetzen der unteren Scheibe
4 Schaschlikstäbe (halbieren!) bzw. Rundhölzer (Durchmesser 3 mm) zuschneiden
1 Holzscheibe Durchmesser 26 cm
1 Gewindeschraube 3 × 20 mm

- Klebebilder zum Ausgestalten der mittleren Scheibe
- Folie zum Beziehen bzw. farbloser Lack für untere Scheibe

1 Klebepfeil

Kopiervorlagen

1 Blanko-Vordruck für die Herstellung von Karten unterschiedlichster Art aus vielen Bereichen

Herstellung

1. Die Scheiben mit Durchmesser 26 cm und 20 cm in je 8 Sektoren (45°) einteilen.
2. Schraube von unten in die große Scheibe stecken und von oben mit einer Mutter festsetzen.
3. Auf die Sektoreneinteilungen der großen Scheibe je ein halbes Schaschlikstäbchen leimen (evtl. lackieren).
4. Die mittlere Scheibe am äußeren Rand (5 cm) mit Klebebildern ausgestalten und mit Folie beziehen.
5. Schaschlikstäbchen mit Leim bestreichen und darauf die mittlere Scheibe aufleimen.
6. Unterlegscheibe auflegen.
7. Kleine Scheibe mit „Super-Acht" beschriften, mit Pfeil versehen und mit Folie beziehen.
8. Abschlußschraube mit etwas Klebstoff festsetzen.

Hinweise für Lehrer

Der Name dieses Spieles kommt von den 8 Sektoren, in die die Spielscheibe eingeteilt ist. In jedes der 8 Fächer passen 4–6 Karten.
Für die Herstellung der Karten können Sie auch Blanko-Spielkarten benutzen, die in die passende Form geschnitten werden.
Mit dieser Scheibe sind die unterschiedlichsten Aufgabenstellungen in spielerischer Form zu lösen. Je nach Kartentyp (z. B. auch aus anderen Bereichen als der Mathematik) sind nach dem Glücksprinzip Aufgaben zu lösen, die Ergebnisse anzusagen und direkt zu kontrollieren. Die Ergebnisse werden zur Kontrolle auf die Rückseite oder in den verdeckten unteren Bereich der Karte geschrieben. In letzterem Fall kann die Rückseite noch für neue Aufgaben genutzt werden.

Spielverlauf

2–4 Mitspieler
1 Super-Acht-Spiel
1 Satz Aufgabenkarten

Es wird am Glücksrad gedreht. Der Mitspieler zieht die obere Karte, auf die der Pfeil zeigt, so weit heraus, daß die gesamte Aufgabe zu sehen ist und sagt Aufgabe und Ergebnis an. Zur Kontrolle zieht er die Karte ganz heraus bzw. dreht sie um und steckt sie anschließend mit der Aufgabenseite nach oben unter den Stapel des gleichen Sektors zurück.
Bei richtiger Lösung erhält der Spieler eine Belohnung (1 Steckklotz, Bohne o. ä.).

Bei falschem Ergebnis muß der Spieler 1 × aussetzen (ein Pfand abgeben, eine weitere Aufgabe lösen o. ä.).

Einzelarbeit

Wie oben. Aufgabe und Ergebnis werden ins Heft geschrieben und direkt danach kontrolliert und ggf. korrigiert.

15. Stöpselkasten

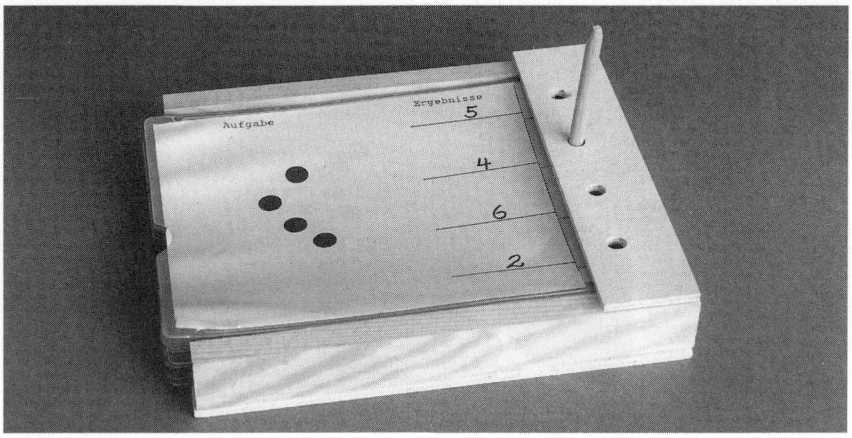

Abb. 15.1

Abb. 15.2

Material

1 Bodenbrett 13,5 × 16 cm
2 Leisten 1 × 2 × 16 cm
1 Leiste 1 × 2 × 11,5 cm
1 gelochtes Brettchen
1 Holzstab als Stöpsel
• Holzleim
ca. 20 Ausweishüllen DIN A 6 (müssen gelocht werden)

Kopiervorlagen

2 Beispielkarten zur Zuordnung von Ziffern zu Mengen im Zahlenraum bis 10
1 Schablone zum Lochen der Ausweishüllen DIN A 6
1 Blanko-Kopiervorlage für die Herstellung weiterer Karten zum Auswechseln (nicht nur für Mathematik geeignet!)

Herstellung

1. Leisten zusammenleimen zum offenen Rahmen.
2. Diesen Rahmen auf das Bodenbrett leimen.
3. Gelochtes Brettchen auf die geschlossene Seite leimen.
4. Stöpsel (ca. 6 cm lang) mit der Rosenschere von einem der 50 cm langen Rundhölzer (siehe Material zu Beispiel 8 – Zehnertreppe) abschneiden und mit einem Bleistiftanspitzer etwas anspitzen.
5. Bei den Ausweishüllen jeweils ein Loch als Öffnung aufschneiden (je 5 Karten der gleichen Art).
6. Aufgabenkärtchen (siehe Kopiervorlagen) beschriften, Locherrand abschneiden. Anschließend so in die Hülle schieben, daß die richtige Antwort bei dem ausgeschnittenen Loch steht.
7. Fertige Karten gemischt in den Kasten schieben.
8. Ziel: Stöpseln bei der richtigen Antwort (richtig: Karte läßt sich herausziehen; falsch: Karte läßt sich nicht herausziehen).
9. Bei richtiger Antwort Karte herausziehen und unter den Stapel in den Kasten schieben.
10. Bei falscher Antwort erneut rechnen.

Hinweise für Lehrer

Dieses Arbeitsmittel ist je nach Art der eingelegten Arbeitskarten sowohl im ikonischen als auch im symbolischen Bereich einsetzbar. Es eignet sich nicht nur für Aufgaben aus dem Mathematikunterricht, sondern für viele Fächer in allen Klassenstufen. Bei den Kindern ist das „Stöpseln" sehr beliebt, weil die Rückmeldung sofort und „handgreiflich" erfolgt (bei richtigem Ergebnis läßt sich die Karte herausziehen).
Die Beispielkarte bei den Kopiervorlagen bezieht sich auf die Zuordnung von Ziffern zu Mengenbildern im Zahlenraum bis 10. Sie können sich selbst problemlos weitere Arbeitskarten herstellen, indem Sie Markierungspunkte oder auch Klebebilder, später auch Zifferngleichungen, Bildaufgaben aus alten Schulbüchern usw. in das Aufgabenfeld kleben oder schreiben. Achten Sie dabei darauf, daß das richtige Ergebnis bei dem schwarz markierten Punkt steht und daß die Karte in eine entsprechend gelochte Hülle gesteckt wird.
Später können die Kinder die Aufgaben auch ins Heft schreiben. Das Ergebnis jeder Rechnung wird danach sofort durch Stöpseln kontrolliert, und Fehler werden gleich korrigiert.

Nach dem Beschriften den Locherstreifen abschneiden und den Aufgabenzettel in die gelochte Klarsichthülle stecken!

Aufgabe	Ergebnisse
	6
	7
	5
	9

Aufgabe	Ergebnisse
	9
	5
	8
	6

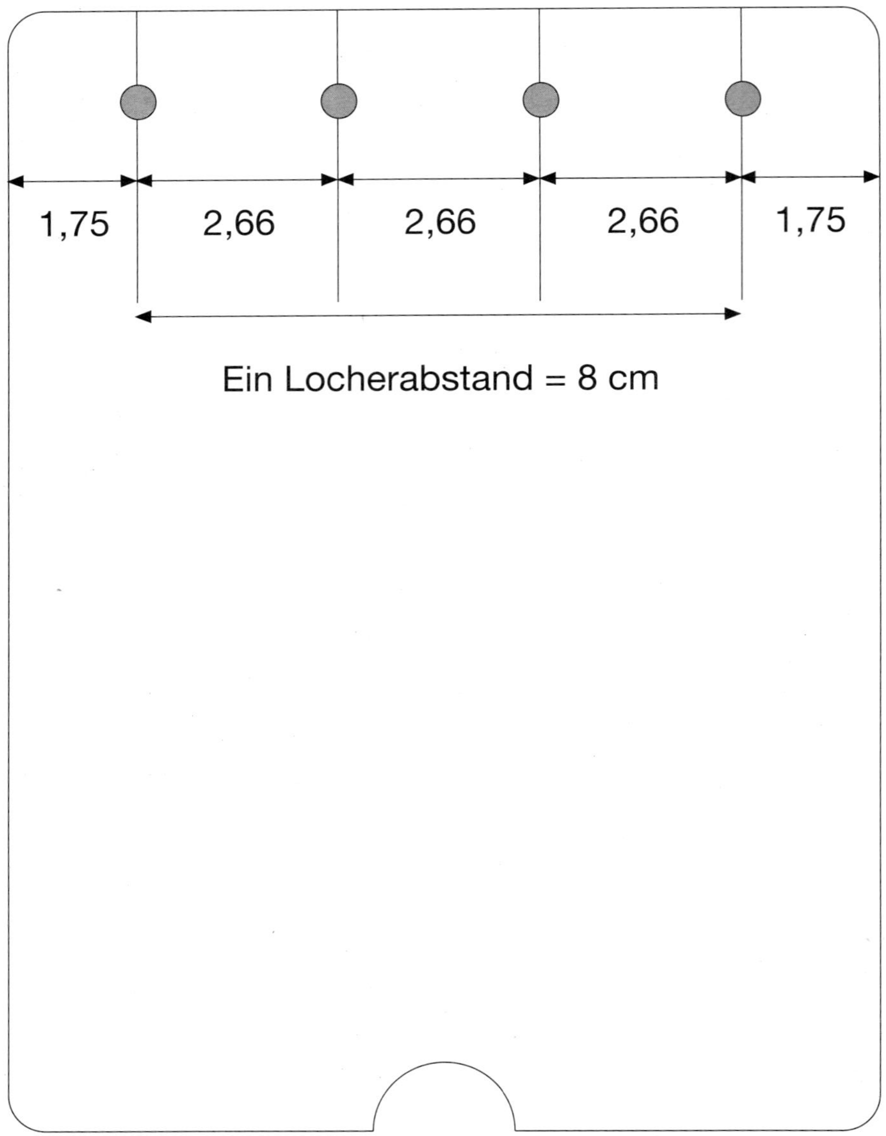

Schablone für das Lochen der Klarsichthüllen für den Stöpselkasten

Ergebnisse

Aufgabe

Ergebnisse

Aufgabe

Ergebnisse

Aufgabe

Ergebnisse

Aufgabe

16. Dreiecksdomino

Abb. 16.1

Abb. 16.2

Material

- Karteikartenpappe DIN A4 für die Kopien

Kopiervorlagen

1 fertiges Domino (2 Blätter) mit Mengendarstellungen im Zahlenraum bis 6
1 Blanko-Vorlage zu Herstellung weiterer Dominos mit evtl. Mengen- oder Zifferndarstellung
1 Blanko-Vorlage für Sechseck-Satz
1 Blanko-Vorlage für Stern-Satz

Herstellung

- Vorlage auf Karteikartenpappe kopieren (möglichst farbige Pappe zur Unterscheidung mehrerer Dominos und zur Differenzierung).
- Evtl. mit Folie beziehen.
- An den dünnen Linien entlang in Dreiecke zerschneiden.

Hinweise für Lehrer

Dieses Arbeitsmittel kann schon gleich am Anfang des Schuljahres eingesetzt werden. Es gibt Aufschluß darüber, ob Kinder gleich mächtige Mengen einander zuordnen können.
Die Anlegevorschrift kann auch geändert werden in z. B. „1 weniger bzw. 1 mehr“.

— Domino —

An den dünnen Linien entlang
in Dreiecke zerschneiden!

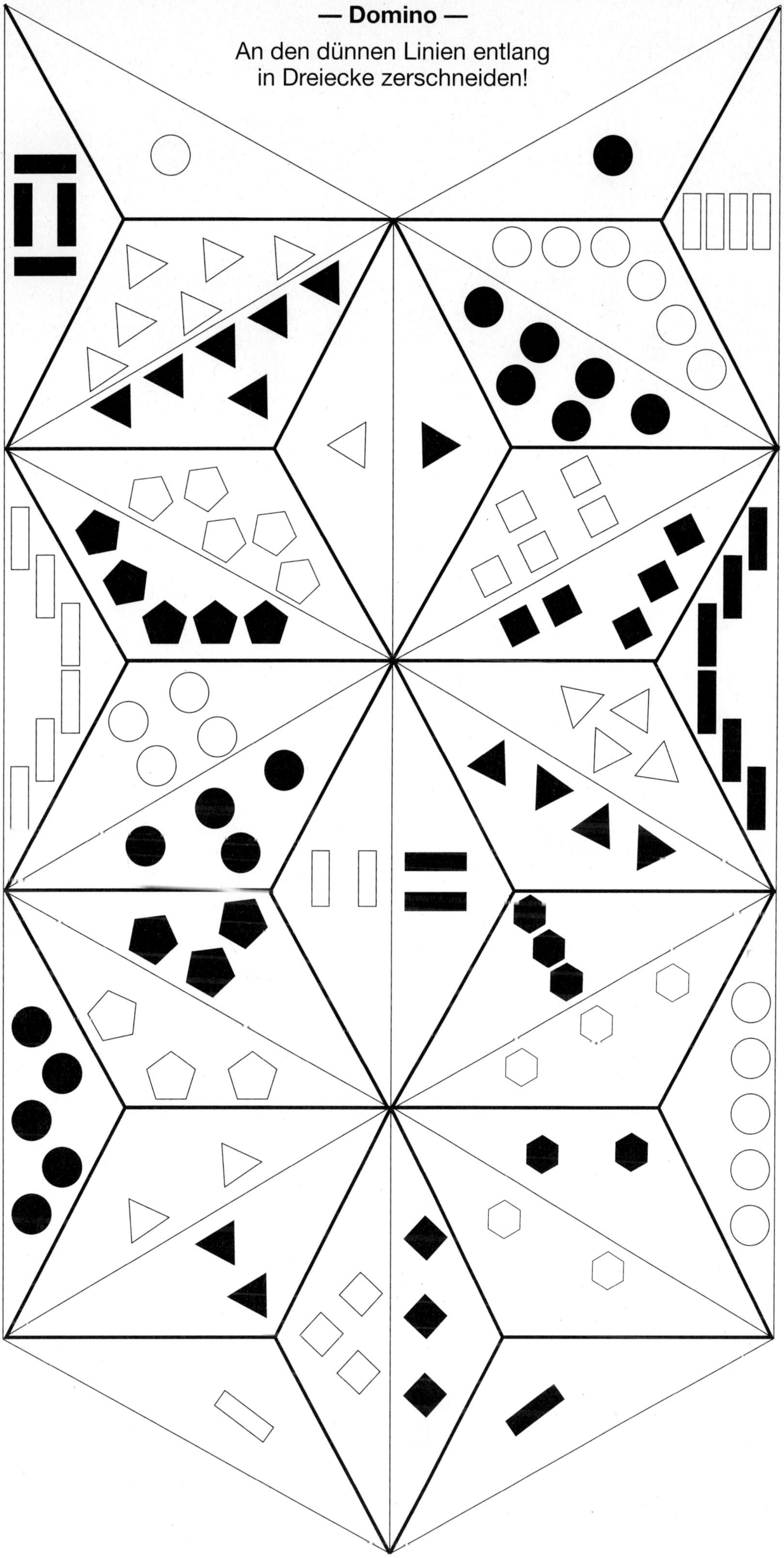

— Domino —

An den dünnen Linien entlang
in Dreiecke zerschneiden!

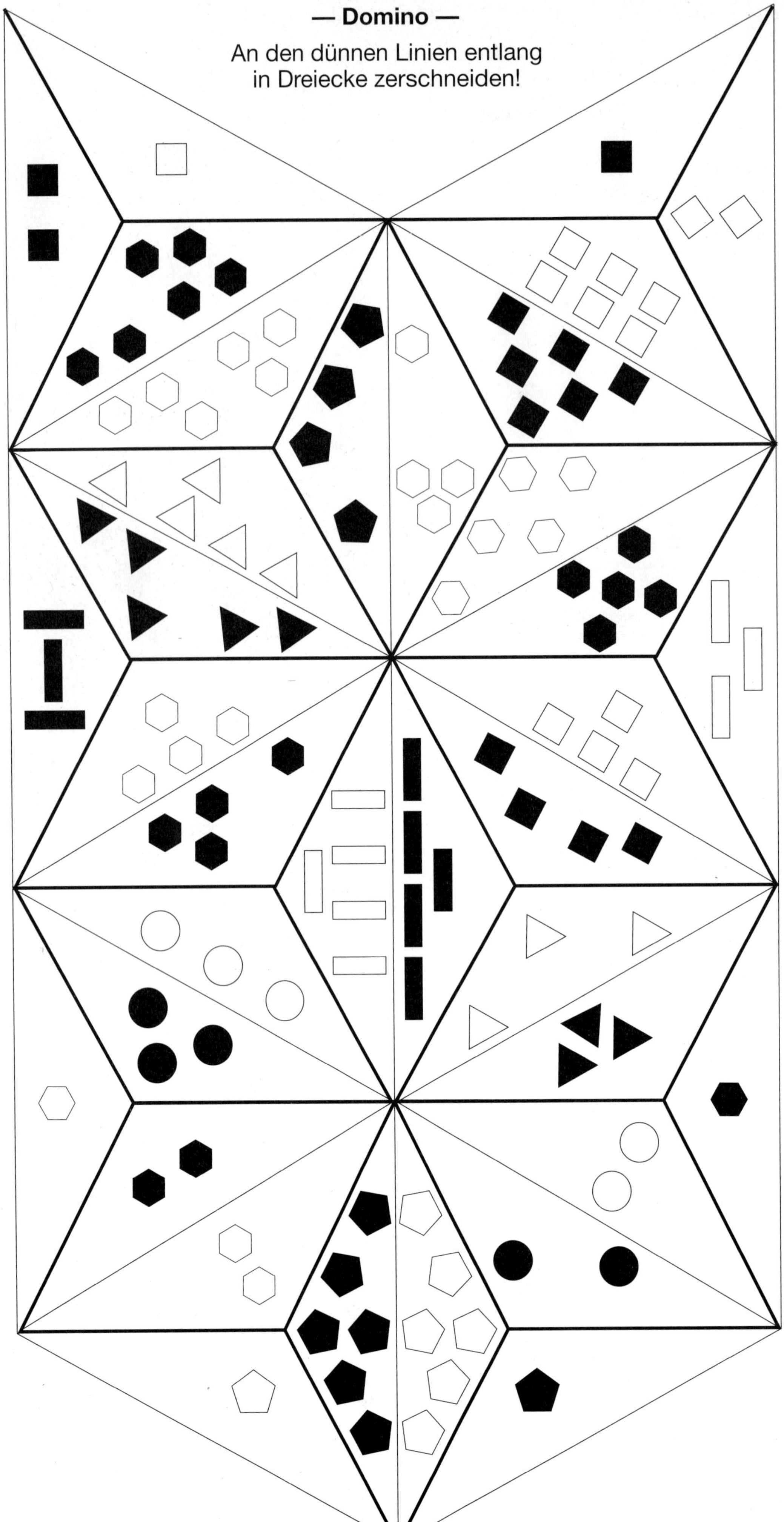

— Domino —

An den dünnen Linien entlang
in Dreiecke zerschneiden!

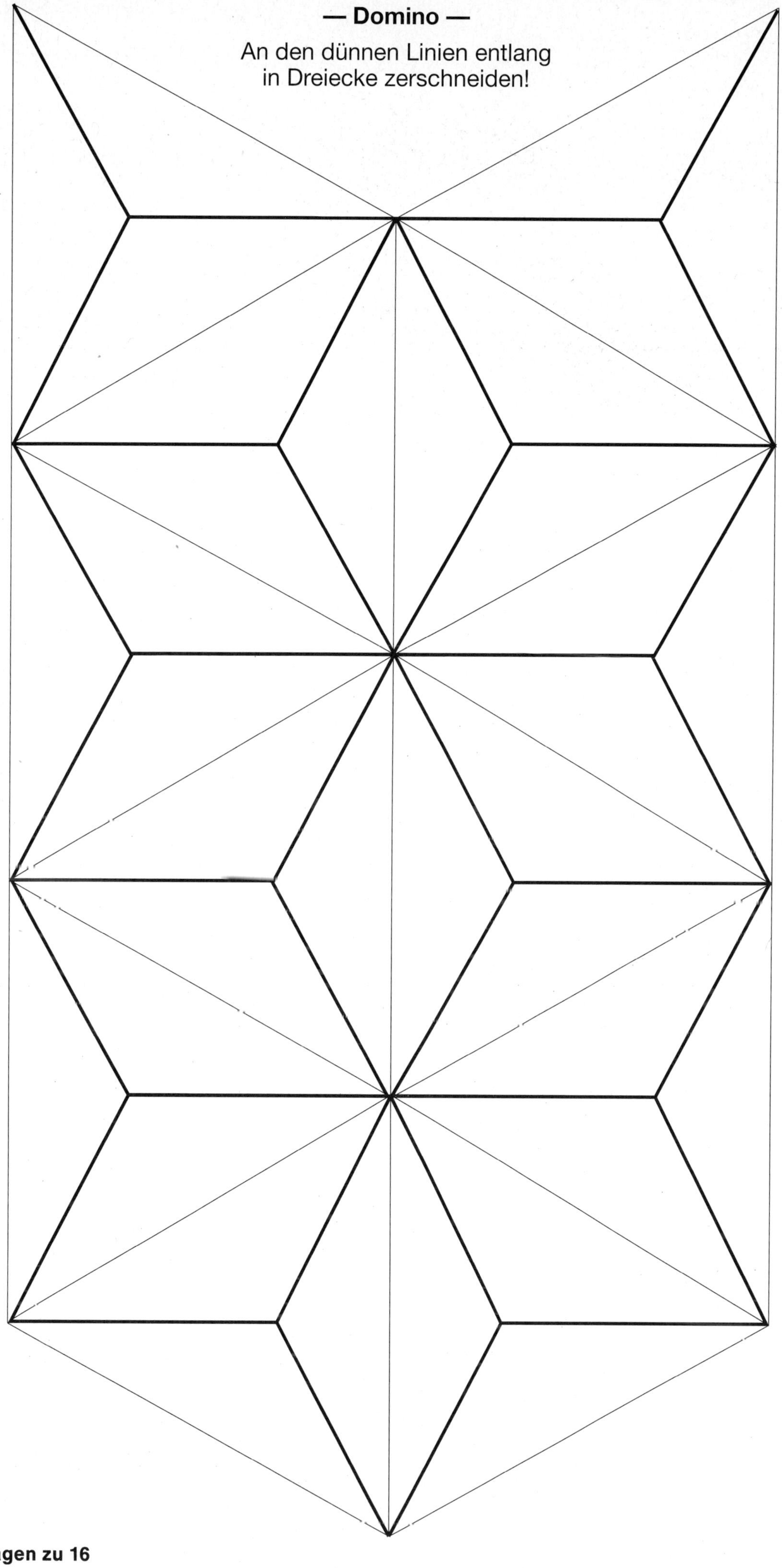

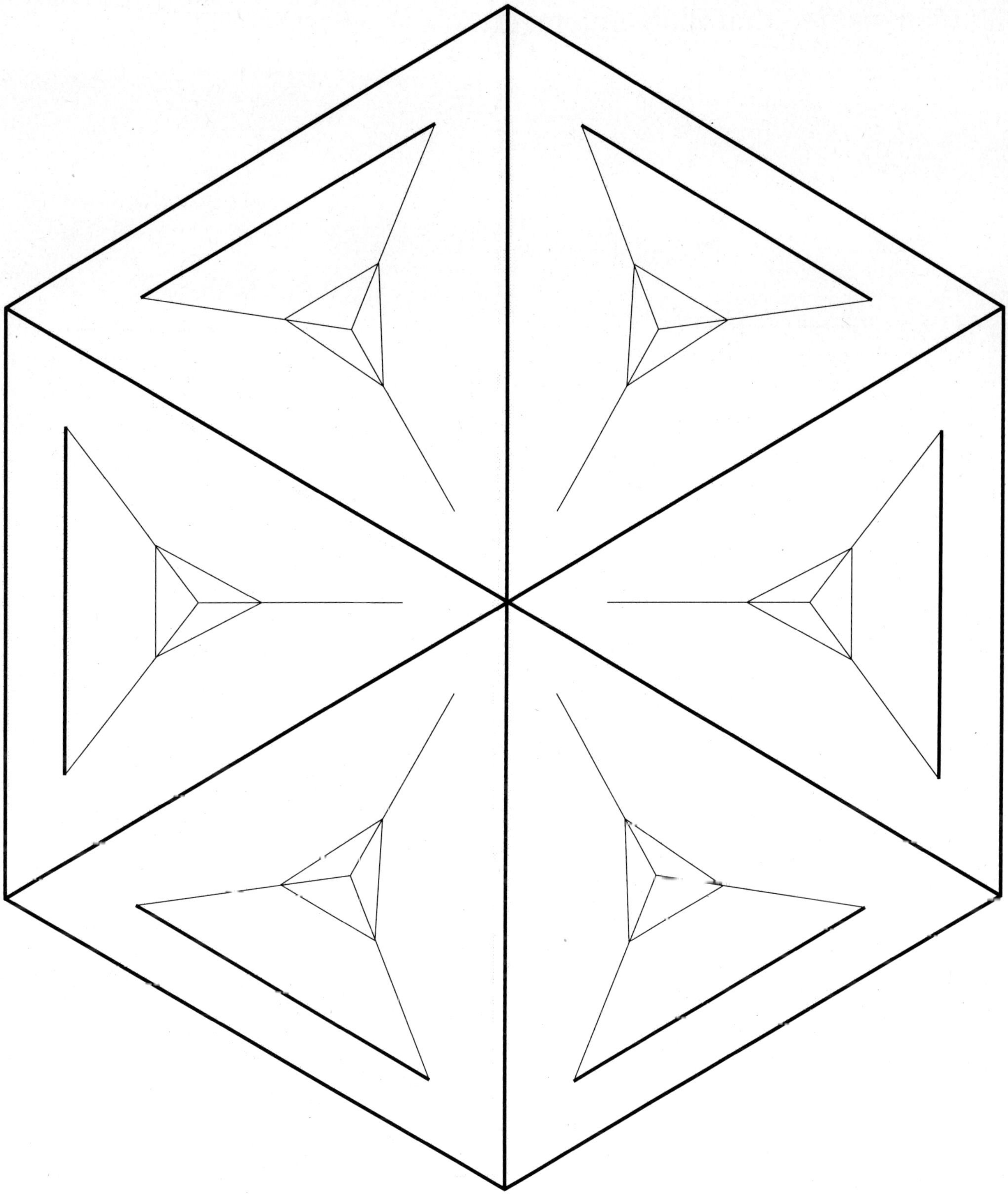

17. Marienkäfer- und Blumendomino

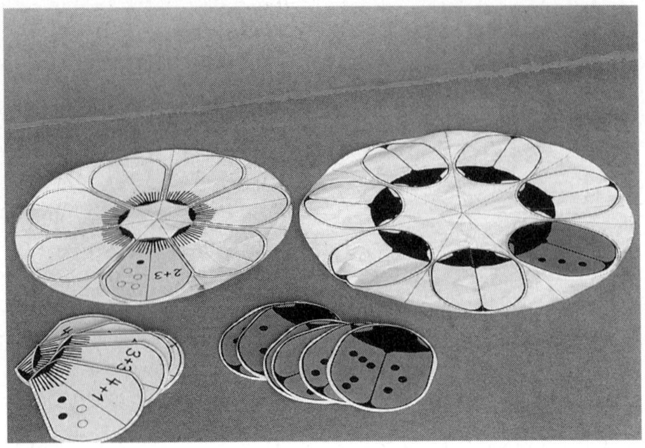

Abb. 17.1

Abb. 17.2

Material

- Farbiges Papier zum Kopieren, z. B. Rot für Marienkäfer, Gelb, Hellblau, Orange... für Blütenblätter
- Bierdeckel (im Getränkehandel kostenlos erhältlich) oder dicker Karton (z. B. Rücken von Zeichenblock)
- Folie zum Beziehen

Kopiervorlagen

1 Beispiel (2 Blätter) mit 7 Marienkäfern in Punktmengendarstellung auf beiden Flügeln; dazu noch

1 Beispielkarte für Marienkäfer mit Ziffer auf einem Flügel und Punkten auf dem anderen Flügel

1 Blanko-Vorlage für weitere Marienkäfer-Dominos

1 Beispiel (2 Blätter) mit 7 Blütenblättern mit Ziffernterm auf der einen Hälfte und Teilmengen-Darstellung (Punkte in 2 Farben) auf der anderen; dazu noch

1 Beispielkarte für Blütenblätter mit reiner Zifferndarstellung

1 Blanko-Vorlage für weitere Blumen-Dominos mit
 1 Sektor (von 7) für Spielplan Marienkäferkreis
 1 Sektor (von 7) für Spielplan Blütenkreis

Herstellung

Farbige Kopien der Marienkäfer bzw. Blütenblätter ausschneiden.
Auf Bierdeckel oder feste Pappe kleben und ca. 3 mm vom Rand entfernt ausschneiden.
Mit Folie überziehen.
7 Kopien des einen Sektors vom Spielplan herstellen, ausschneiden und sie in Kreisform auf festen Karton kleben.

Hinweis für Lehrer

Die Marienkäfer (Blütenblätter) werden so aneinandergelegt, daß die Darstellung auf dem (der) linken Flügel (Blatthälfte) des einen Marienkäfers (des Blattes) zu der auf dem rechten Flügel (Blatt) des Nachbarn paßt.
Die Kontrolle erfolgt zum Schluß, denn der letzte Marienkäfer (das letzte Blatt) muß zum ersten passen.
Dabei ist es egal, an welcher Stelle und mit welchem Käfer (Blütenblatt) begonnen wird.
Bitte bewahren Sie die Marienkäfer bzw. Blütenblätter zusammen mit dem jeweiligen Blanko-Spielplan auf.
Je 1 Spielplan reicht, auch wenn Sie mehrere Dominosätze herstellen.

1 Spielsatz (7 Marienkäfer) mit Punktmengendarstellungen 0 bis 6

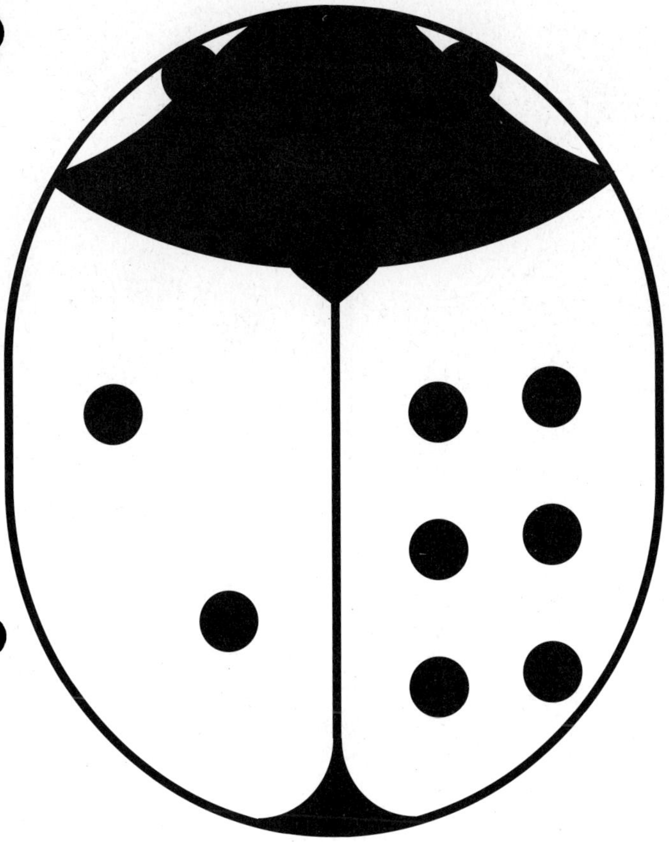

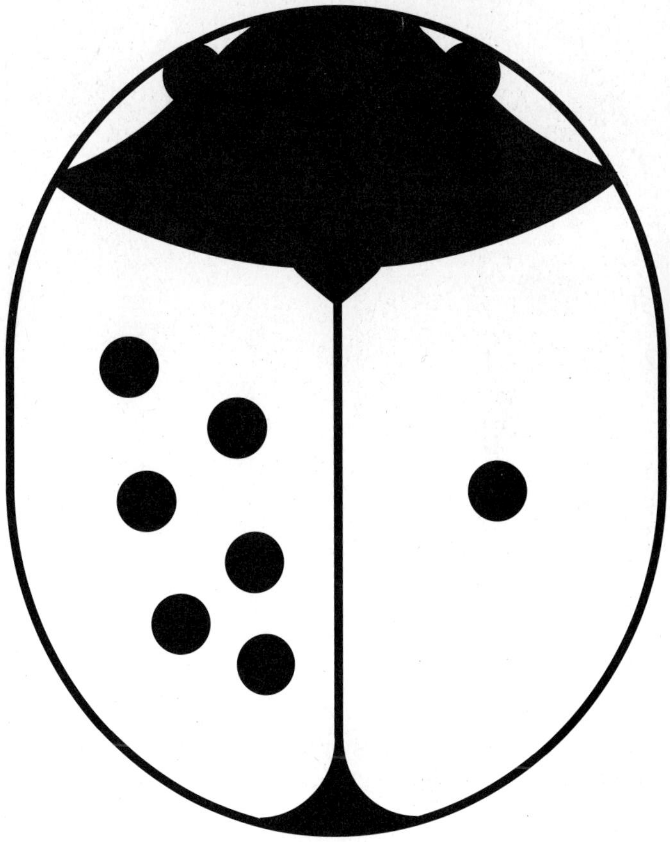

Vorlage auf rotes Papier kopieren, Marienkäfer ausschneiden und auf Bierdeckel (Form entspricht „Lüneburger Pilsener“) oder feste Pappe kleben. Mit selbstklebender Klarsichtfolie überziehen.

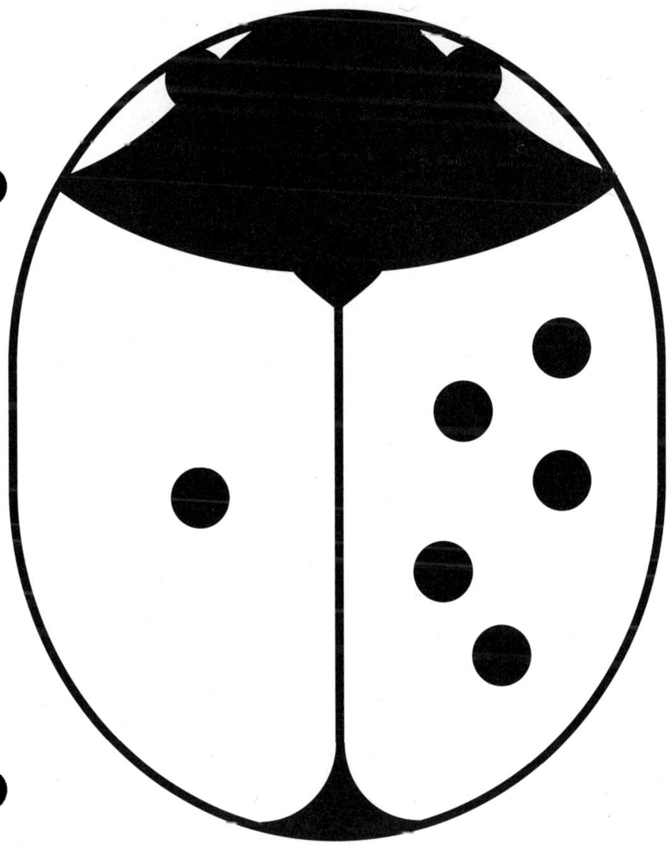

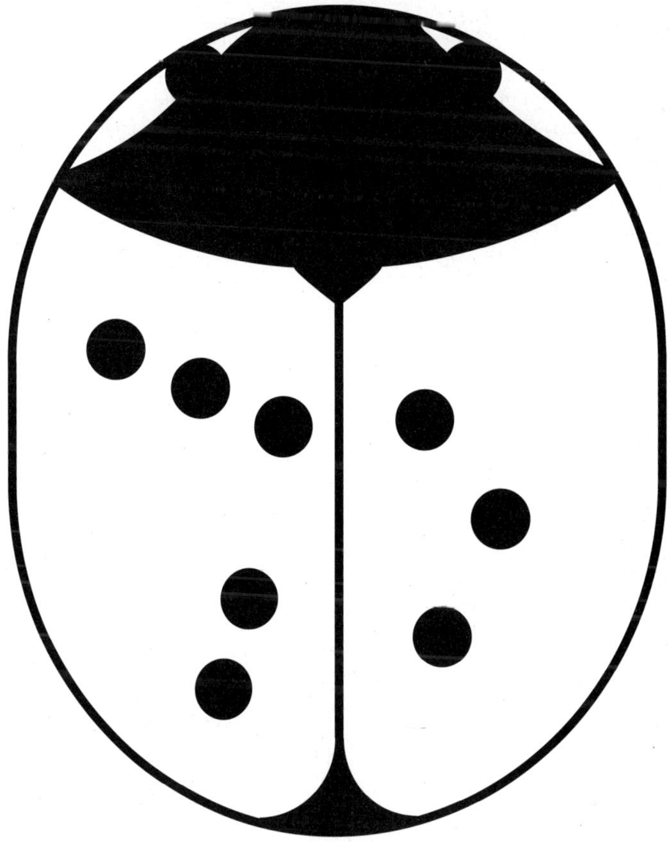

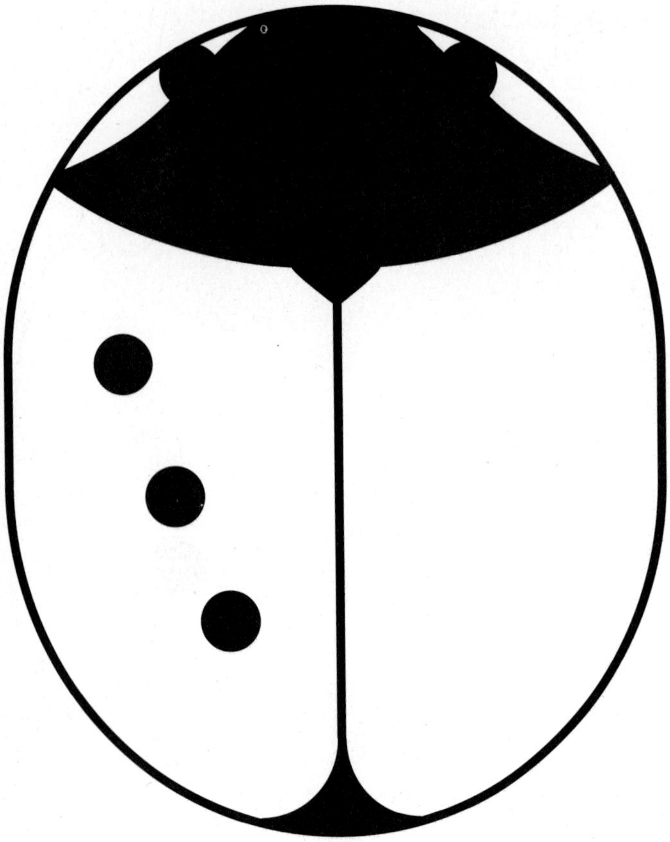

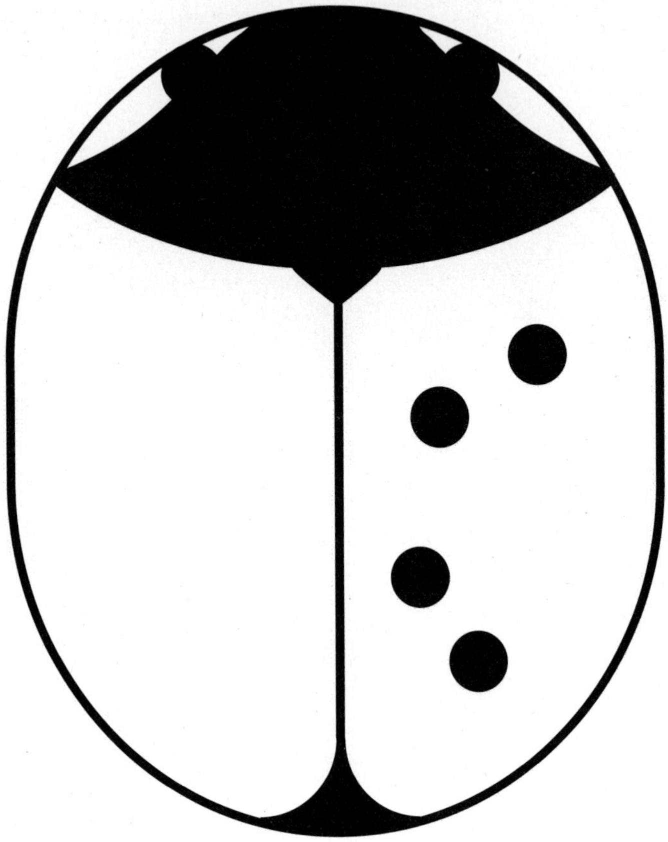

Die 7 Marienkäfer, richtig aneinander-
geklebt, ergeben einen Kreis.
Kontrolle: Der letzte Käfer paßt zum
ersten Käfer.

Beispielkarte für ein Domino für
Ziffern- und Mengenkarten

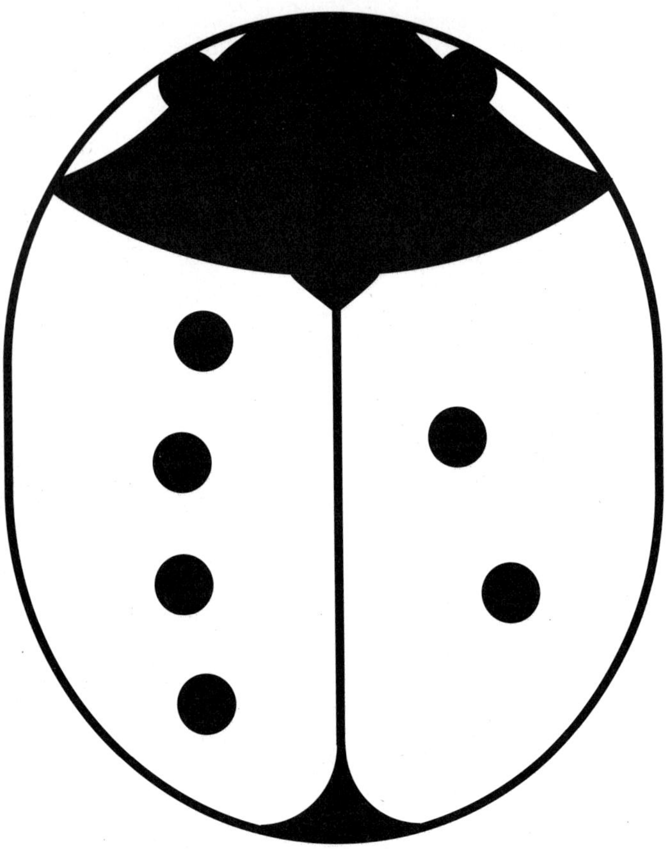

Die passende Ziffer wird an die
entsprechende Menge angelegt.

1 Spielsatz (7 Blütenblätter) mit Punktmengendarstellung 0 bis 6

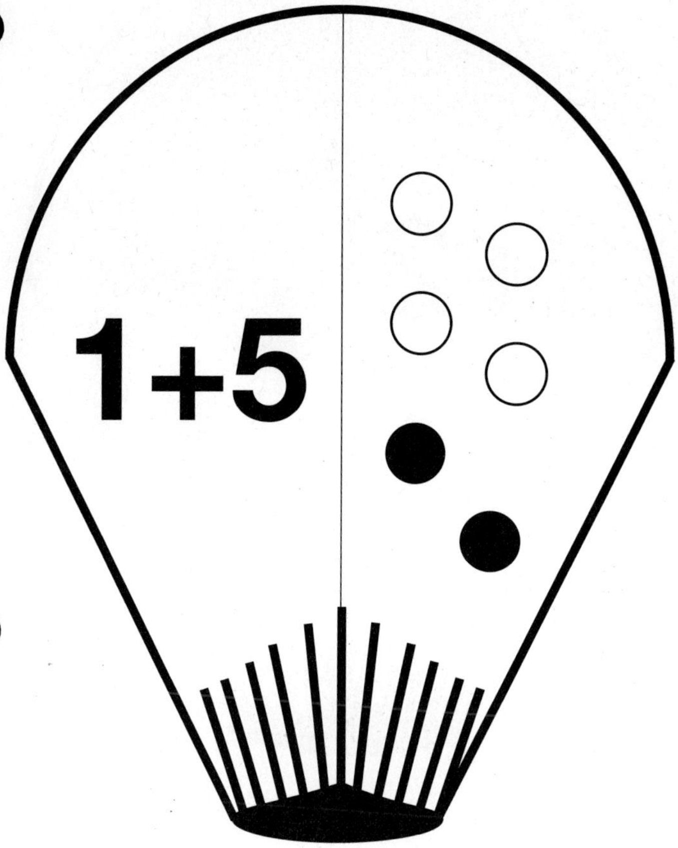

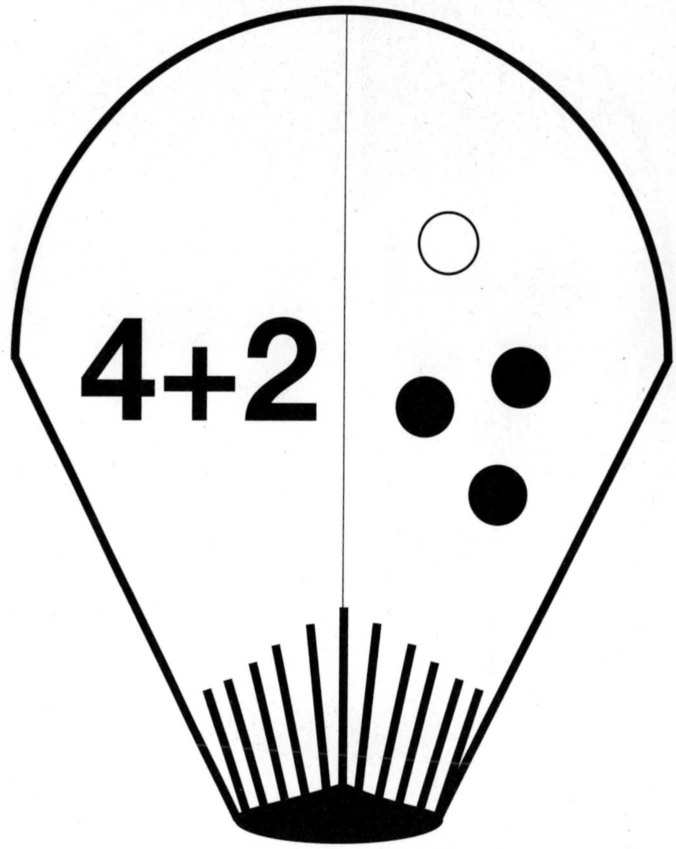

Vorlage auf farbiges Papier kopieren, Blütenblätter ausschneiden und auf Bierdeckel (Form entspricht „Lüneburger Pilsener“) oder feste Pappe kleben. Mit selbstklebender Klarsichtfolie überziehen.

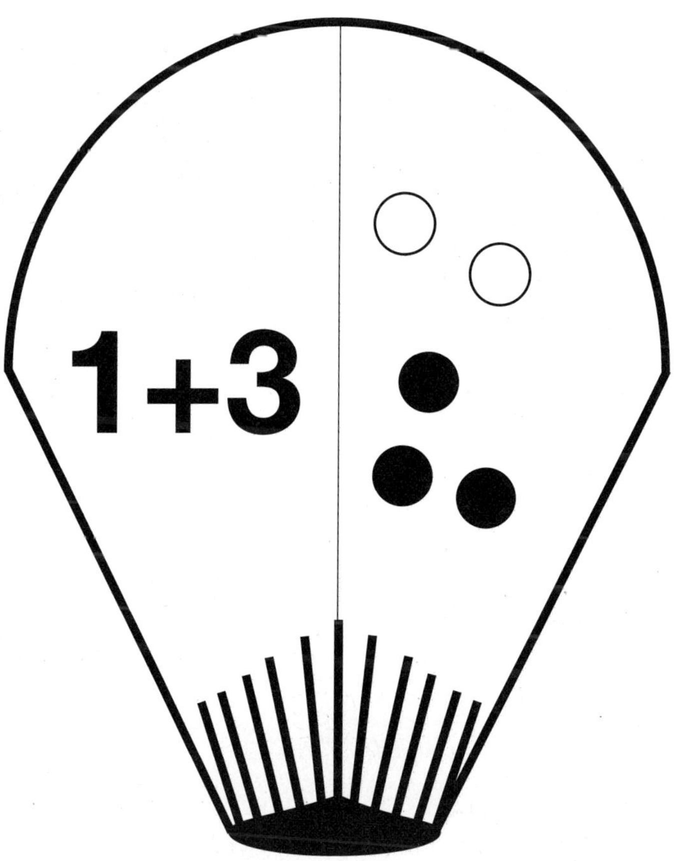

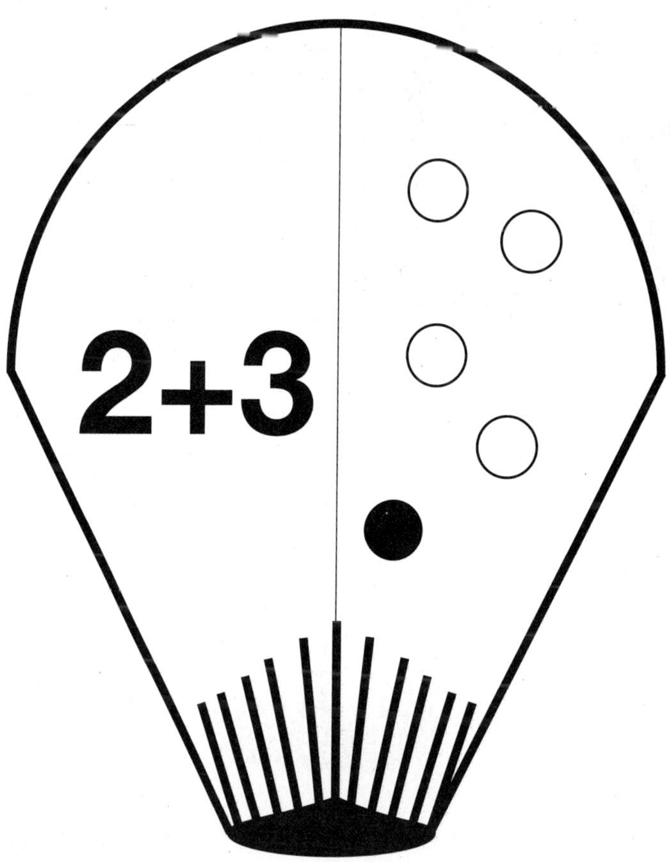

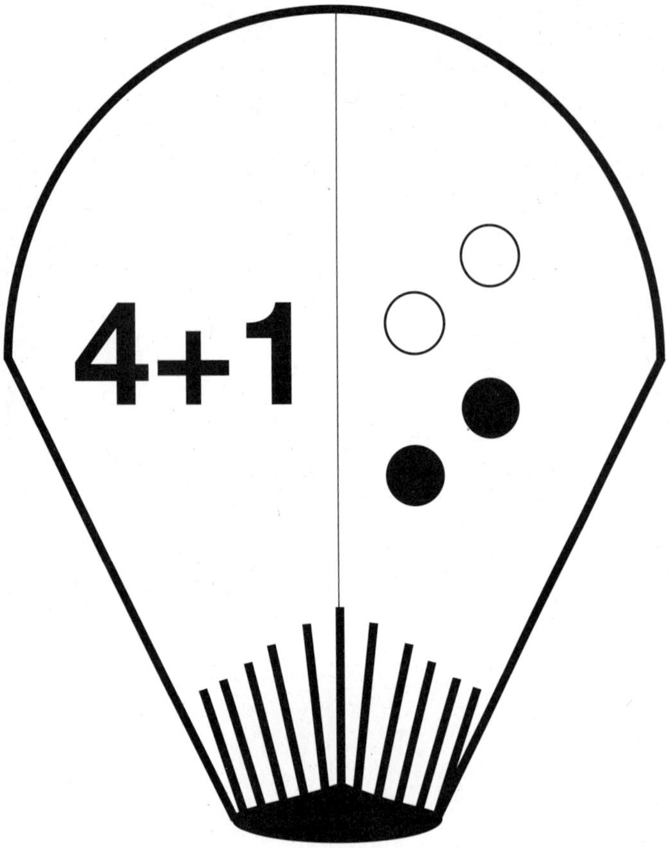

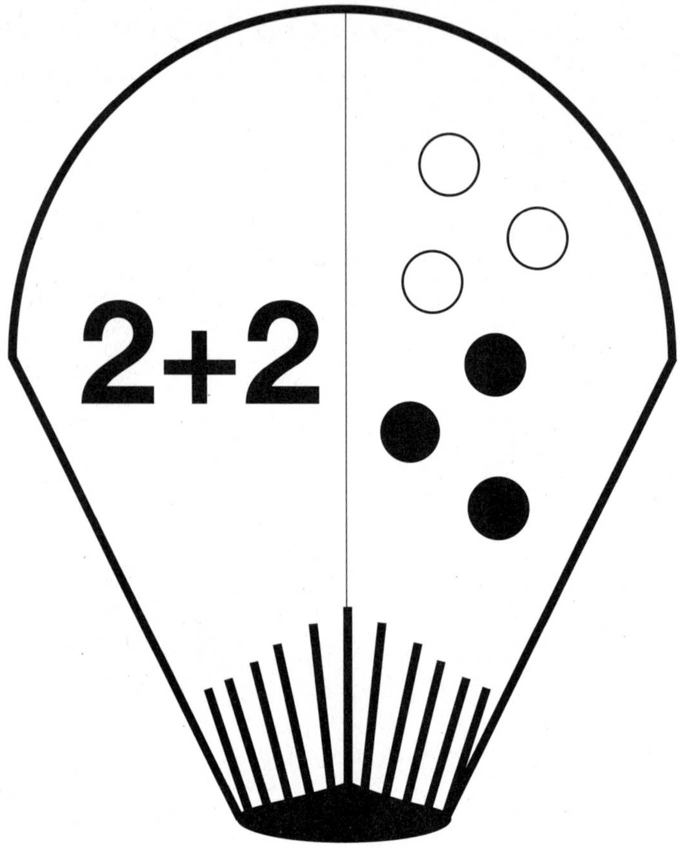

Die 7 Blütenblätter, richtig aneinandergelegt, ergeben eine vollständige Blüte. Kontrolle: Das letzte Blatt paßt zum ersten Blatt.

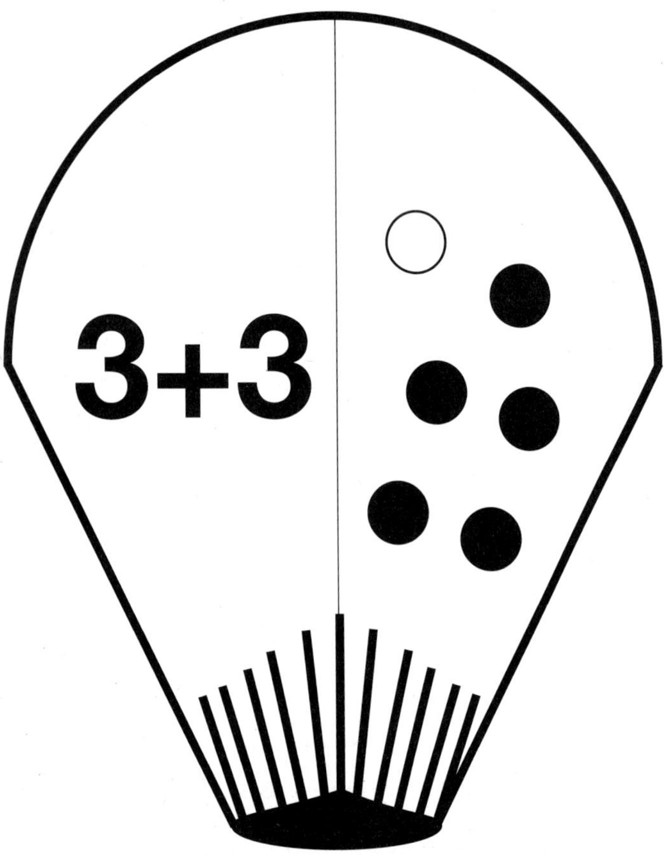

Beispielkarte für ein Domino aus reiner Zifferndarstellung

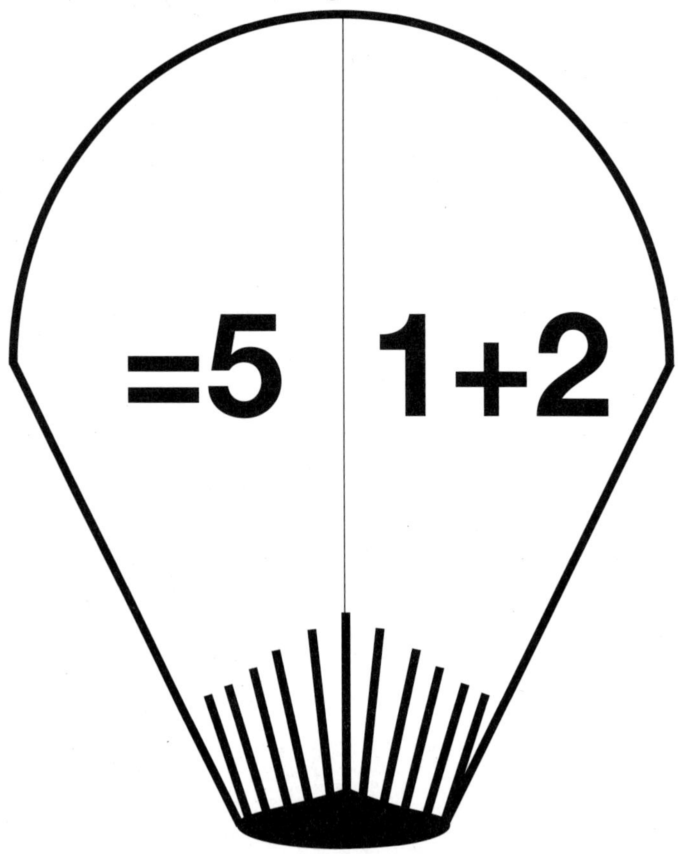

Das passende Ergebnis wird an die entsprechende Aufgabe angelegt.

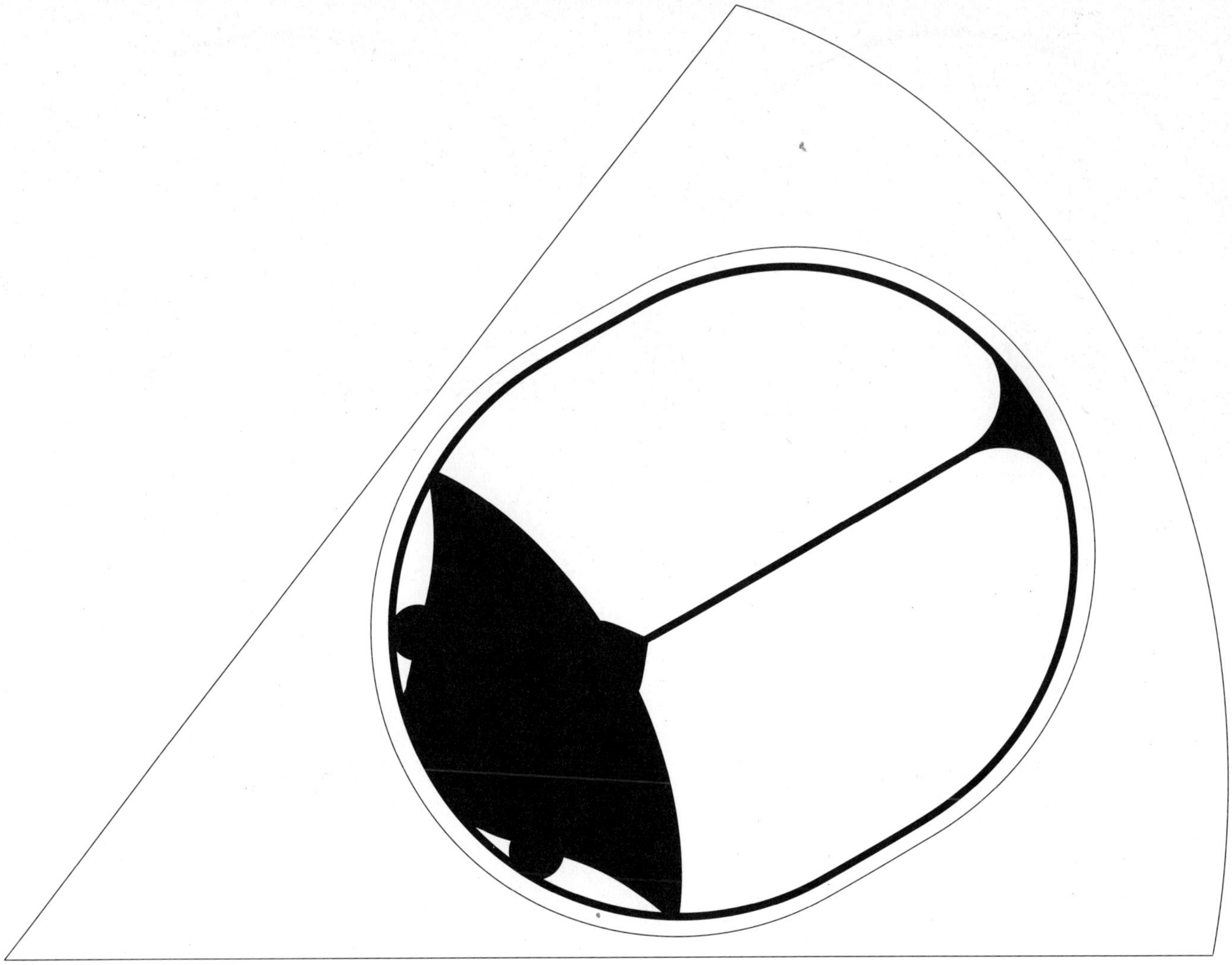

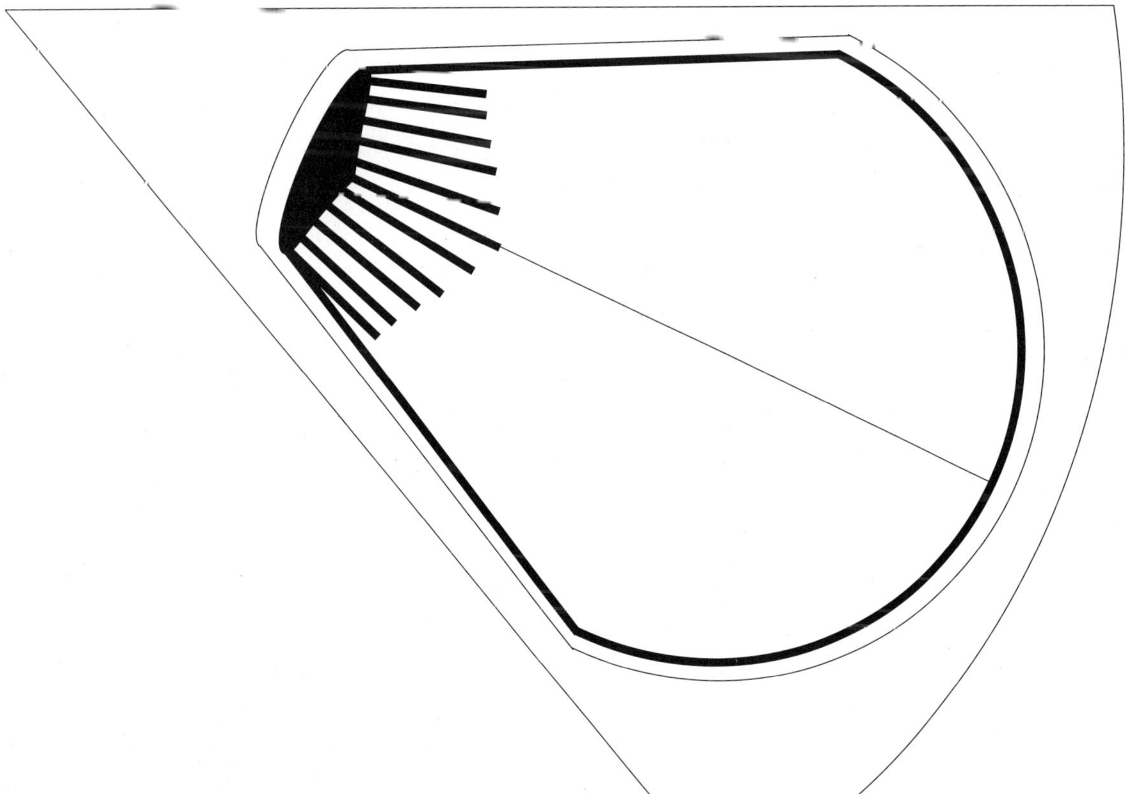

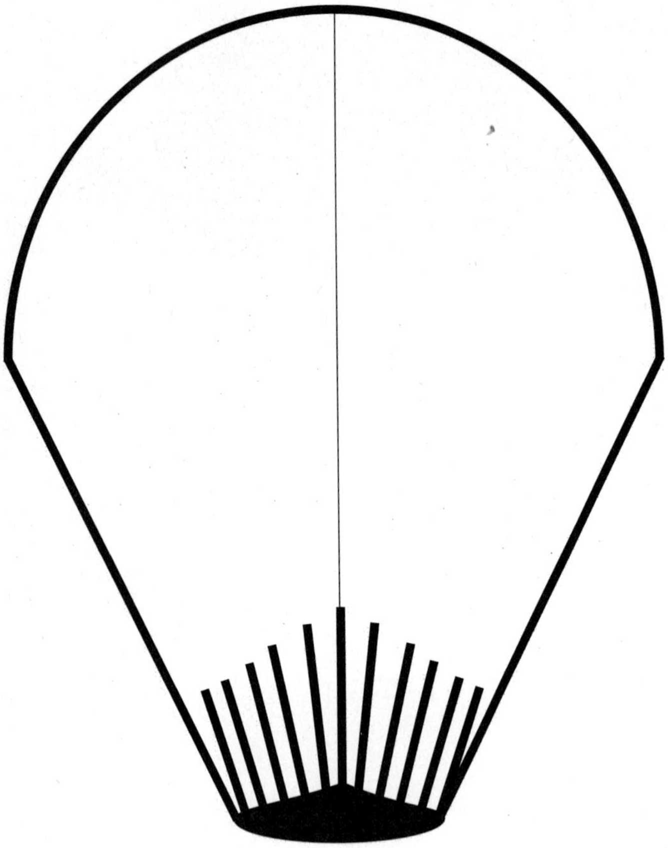

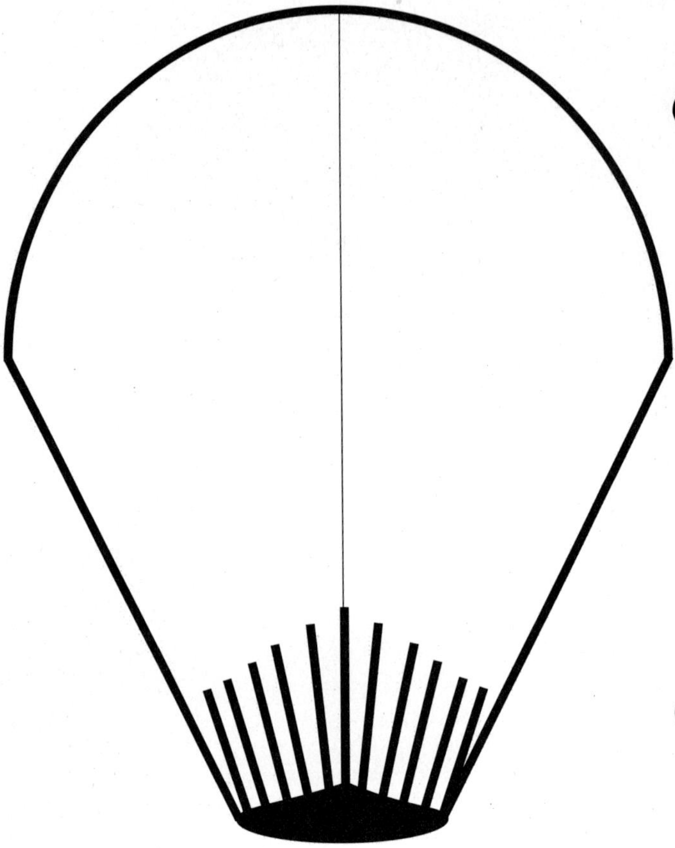

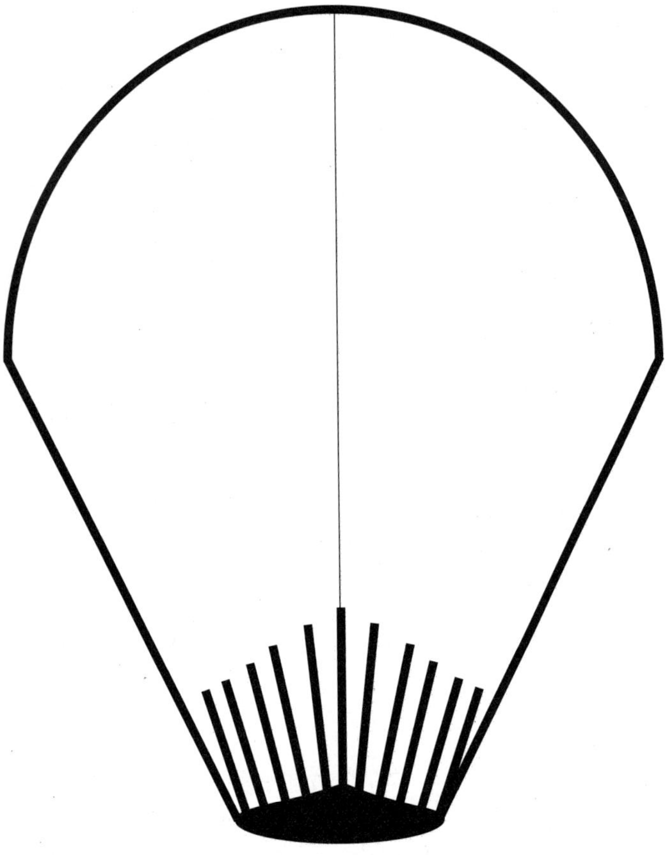

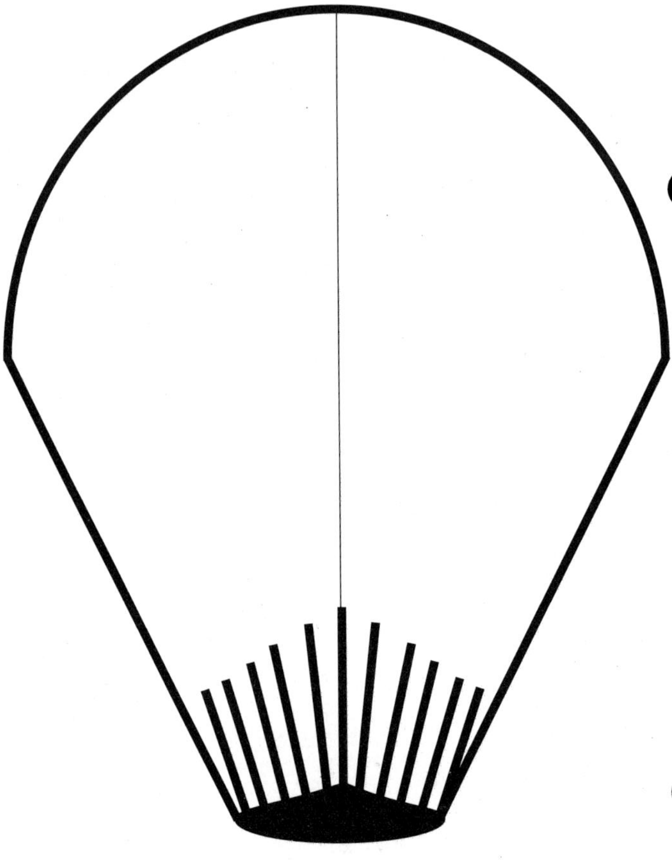

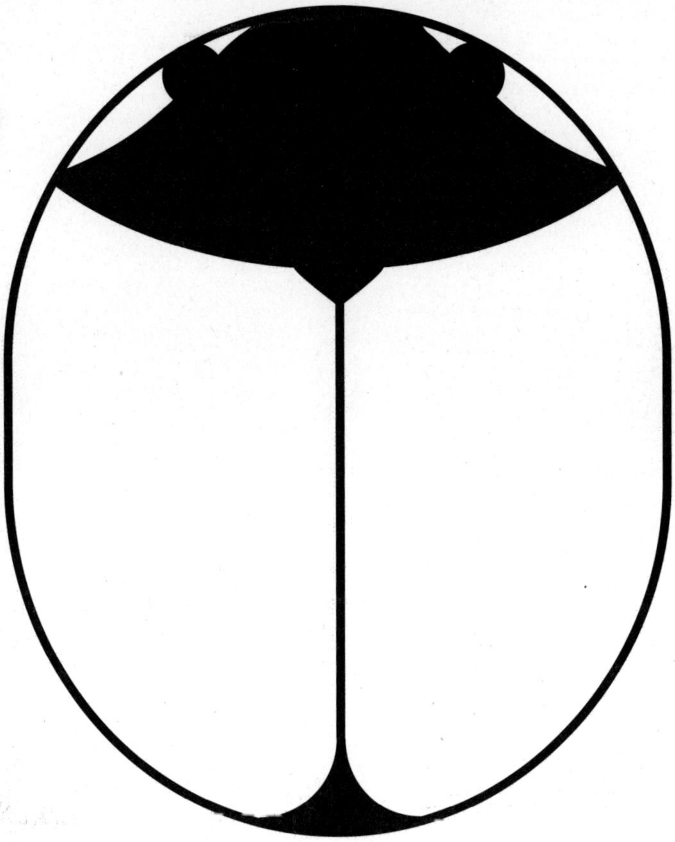

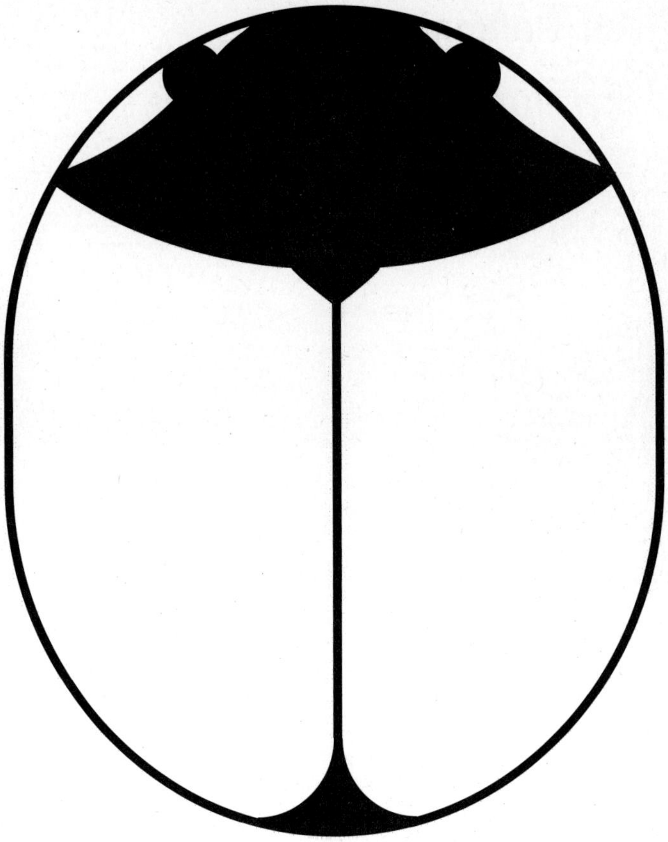

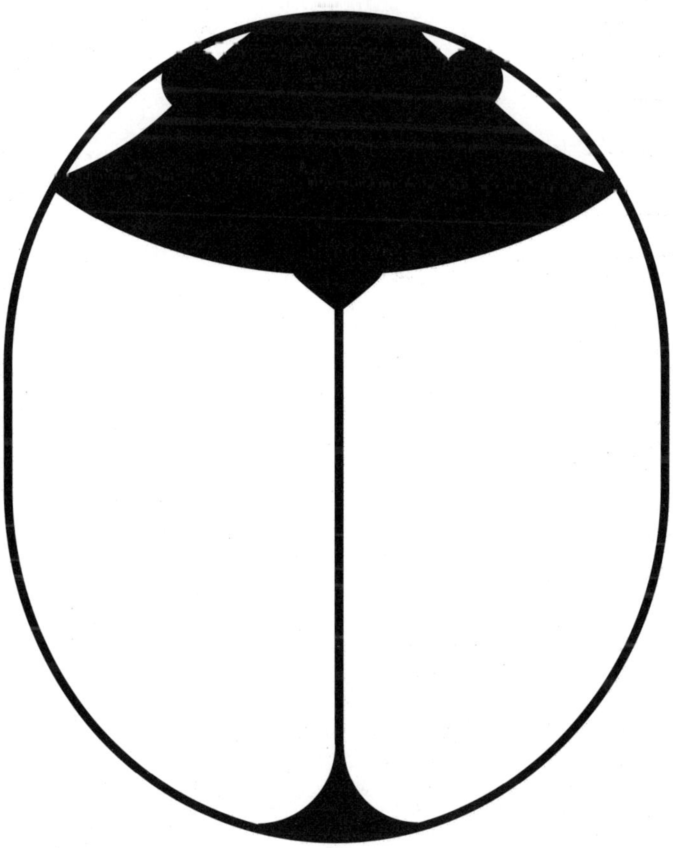

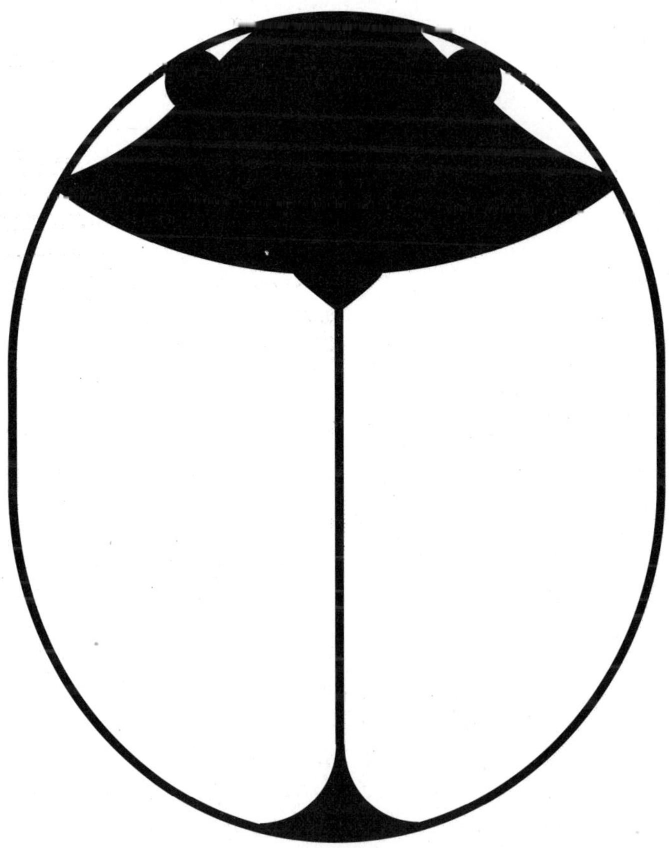

18. Rahmenpuzzle

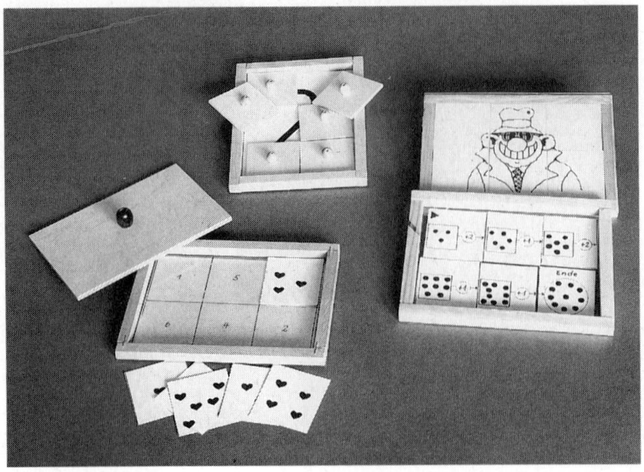

Abb. 18.1

Abb. 18.2

Material:

2 Leisten 1 × 1 × 17 cm
2 Leisten 1 × 1 × 10,5 cm
1 Plexiglasboden 12,5 × 17 cm
1 Holzdeckel 10,5 × 15 cm
1 Holzperle als Griff
6 Holzplättchen 5 × 5 cm
6 Holzperlen als Griffe
- Holzleim
- Alleskleber

Kopiervorlagen

1 Beispielpuzzle für Addition und Subtraktion in Mengendarstellungen
1 Blanko-Puzzle in 6er-Einteilung und in 9er-Einteilung
1 Blanko-Raster für Einlegefolie (auf Folie kopieren)
1 Blanko-Raster für Aufgabenkärtchen

Herstellung

1. Holzleisten zum Rahmen verleimen.
2. Rahmen mit Alleskleber auf den Plexiglasboden kleben (vorher den Deckel als Maß einlegen).
3. Perle(n) auf den großen Deckel und auf die kleinen Abdeckplättchen leimen.
4. 20–30 Min. trocknen lassen.

Operatordarstellung „Kettenaufgaben"

Puzzles auf Karteikarten-Karton kopieren.
Auf der Rückseite ein Bild malen oder kleben (lassen).
In Puzzleteile zerschneiden.
Blanko-Kopien für die Herstellung durch Kinder bereitlegen.

Folieneinlage

Folie mit wasserfestem Folienstift mit Rastereinteilung versehen. Lösungszahlen mit wasserlöslichem Stift passend zu den Aufgabenkarten eintragen.

Versteckte Zahlen

Die Ziffern 0 bis 10 auf Postkartenformat kopieren, in den Rahmen legen und mit kleinen Holzplättchen abdecken.

Hinweise für Lehrer

Zu Version 1) Operatordarstellung „Kettenaufgaben"

Die Beispiele zeigen „Kettenaufgaben" in gemischter Darstellungsart. Der Operator ist jeweils als Ziffer, der Zustand als Mengenbild dargestellt. Begonnen wird im linken oberen Feld. Gerechnet und gelegt wird in Schreibrichtung (von links nach rechts) zeilenweise. Bei der Lösung können Bohnen, Steckklötze usw. zu Hilfe genommen werden. Bei den Minus-Aufgaben wird entweder mit der Hand abgedeckt oder ausgekreuzt (daher mit Folie überziehen). Wenn vor dem Zerschneiden auf die Rückseite des Puzzles ein Bild gemalt oder geklebt wurde, ist dieses die Kontrolle (Deckel auflegen – Kasten umdrehen – durch die Plexiglasscheibe sehen). Entsprechende Kettenaufgaben in reiner Zifferndarstellung können die Kinder später auch selbst herstellen, wenn entsprechende Blanko-Vorlagen bereitgelegt werden. Achtung: Jedes Ergebnis darf nur einmal vorkommen!

Zu Version 2) „Einlegefolie"

Hier stehen die Lösungen auf einer Folie, die in den Kasten gelegt wird. Die Aufgabenkarten (hier Mengendarstellungen bis 6) werden auf die richtigen Lösungsfelder gelegt. Auch hier vor dem Zerschneiden auf die Rückseite ein Bild kleben oder malen (lassen).

Zu Version 3) „Was ist versteckt?"

Nicht nur Ziffern, sondern auch Buchstaben, Wörter, Texte, Abbildungen usw. können unter den Holzplättchen 5 × 5 cm versteckt und durch sukzessives Abheben erkannt werden.
Siehe auch „Die Grundschulzeitschrift", Friedrich-Verlag, Heft 20/88, „Das kann doch nur Ayline heißen".

Abb. 18.3

Beispiel für Addition

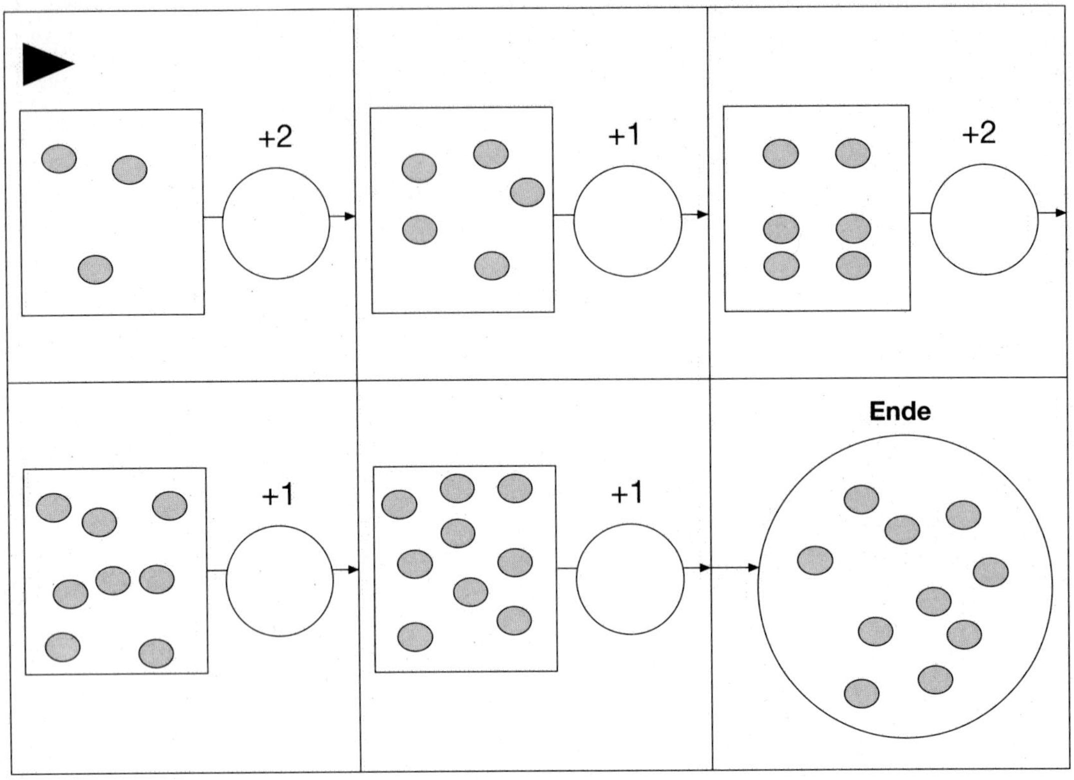

Beispiel für Subtraktion: Mit Folie überkleben,
um Wegstreichen zu ermöglichen

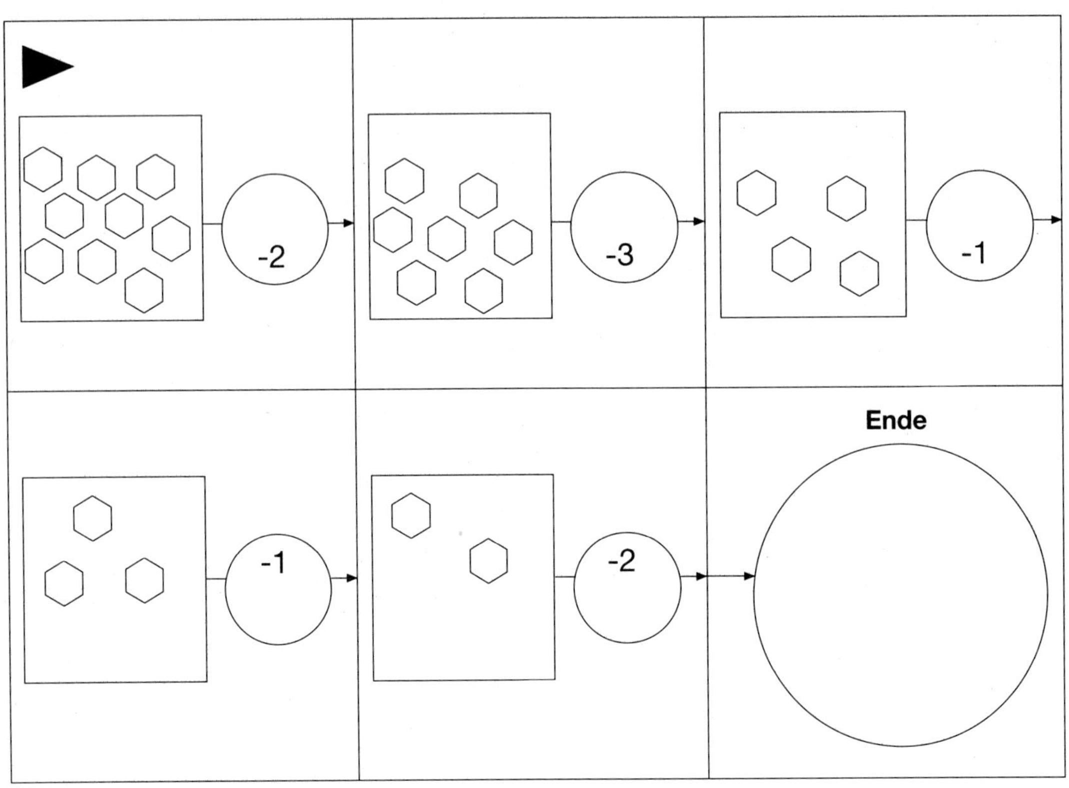

Blanko-Kopiervorlage
in der 6er-Einteilung

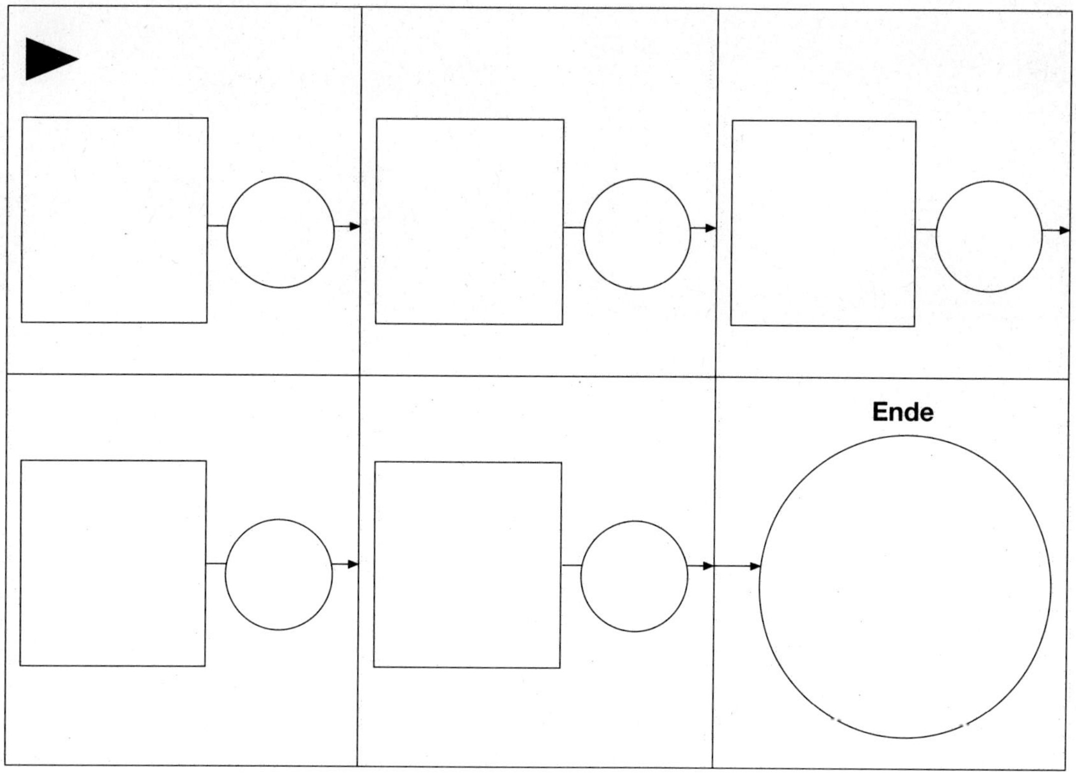

Blanko-Kopiervorlage
in der 9er-Einteilung

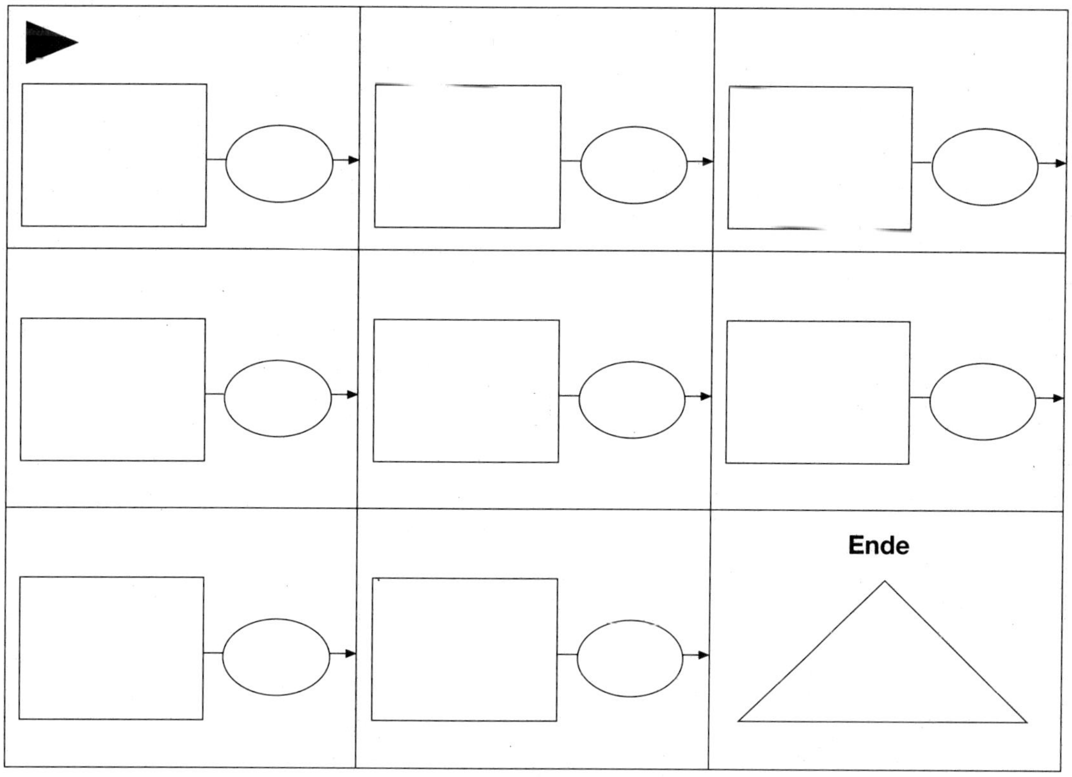

19. Übungsblätter zum Einkreisen von Mengen

Abb. 19.1

Abb. 19.2

Material

- Klarsichthüllen im DIN-A 5-Format
- 1 Folienstift (wasserfest) zum Einkreisen der jeweils vorgesehenen Menge
- 1 Folienstift (wasserlöslich) zum Einkreisen durch die Kinder
- Papiertücher oder feuchte Lappen zum Abwischen der Schülerlösungen

Kopiervorlagen

- Punktmengen mit 36 Punkten auf DIN-A 5-Format

Herstellung

1. Kopiervorlage mehrfach kopieren.
2. Jedes Blatt in eine Klarsichthülle stecken.
3. Mit wasserfestem Folienstift je eine Beispielmenge (2, 3, 4, 5, 6, 7, 8, 9, 10) einkreisen und mit der passenden Ziffer beschriften.
4. Wasserlöslichen Folienstift und Tücher zum Abwischen der Folie bereitlegen.
5. Wattestäbchen für Korrekturen bereitlegen.

Hinweise für Lehrer

Auf den Karten sind jeweils 36 Punkte zu sehen.
Die Kontrolle erfolgt über die Restmenge:

Kein Rest bleibt bei den Mengen 2, 3, 4, 6, 9
Ein Rest von 1 bleibt bei den Mengen 5 und 7
Ein Rest von 4 bleibt bei der Menge 8
Ein Rest von 6 bleibt bei der Menge 10

Bei derartigen Übungen kommt es leicht vor, daß das Kind einen Punkt beim Einkreisen vergißt, daß es sich verzählt oder daß ein oder mehrere Punkte vom Einkreisen „abgeschnitten" wurden.
Mit feuchten Wattestäbchen lassen sich die Linien leicht von der Folie wischen und korrigieren, was beim Arbeiten auf Papier kaum möglich ist.

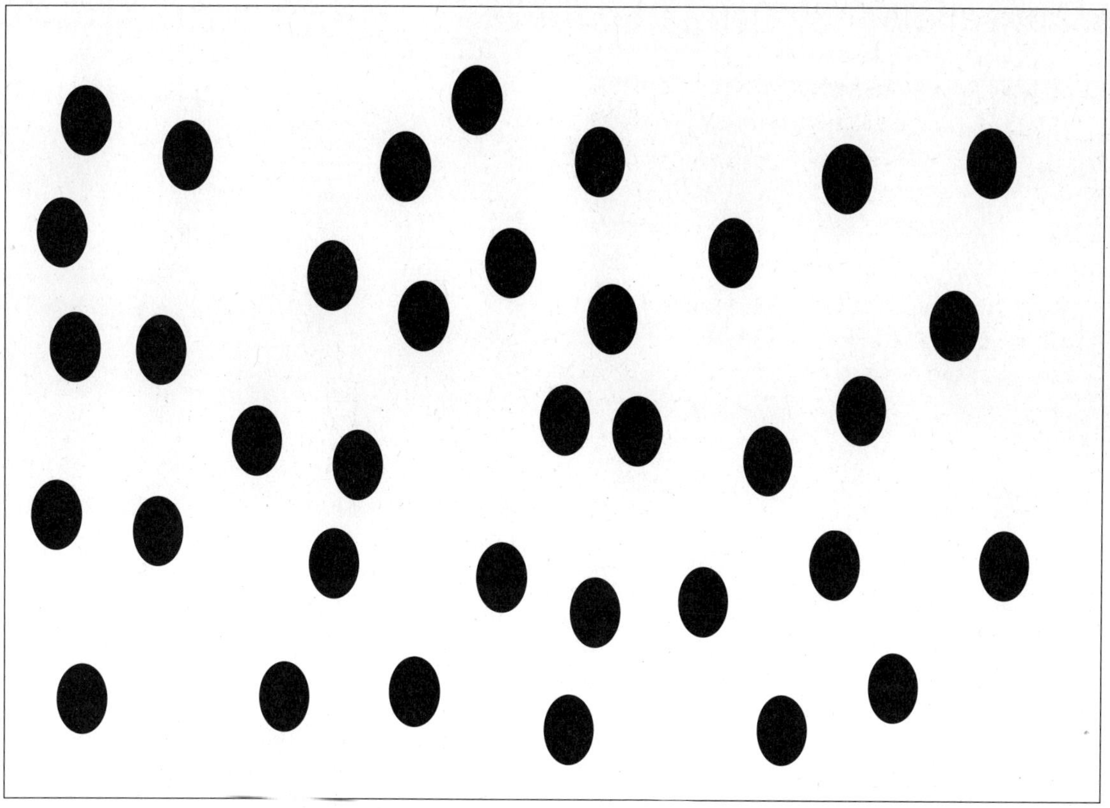

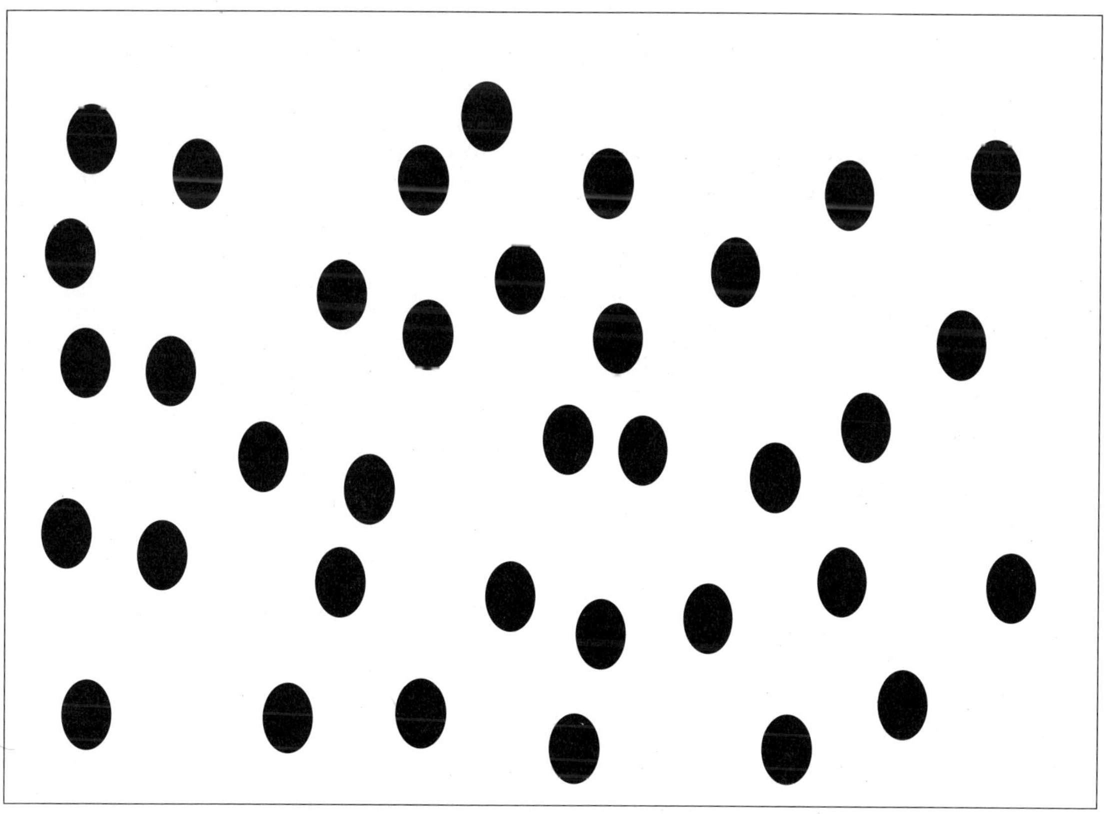

20. Rechenscheibe mit Partnerkontrolle

Abb. 20.1

Abb. 20.2

Material

1 Holzscheibe Durchmesser 26 cm mit Schlitz für Ergebnisse
1 Holzscheibe Durchmesser 20 cm
1 Musterklammer
8 Klebebilder zum Ausschmücken der kleinen Scheibe
1 Klebepfeil
• Diverse Klebepunkte zur Darstellung von Mengen (unterschiedliche Farben für die 2 Scheiben)
oder:
16 große Klebepunkte oder Klebeetiketten (max. 3 × 3 cm bzw. 3 cm Höhe bei Ziffern)

Kopiervorlage

Blanko-Lösungsscheibe

Herstellung

1. Große Scheibe in 8 Sektoren (45°) teilen. (Der 1. Sektor beginnt in der Mitte des Schlitzes.)
2. Große Scheibe mit Folie beziehen.
3. Kleinere Scheibe in 8 Sektoren teilen (s.o.).
4. Jeden Sektor mit einem Klebebild als Schmuck versehen oder selbst zeichnen.
5. Kleinere Scheibe mit Folie beziehen.
6. Auf die Rückseite der kleineren Scheibe einen ausgeschnittenen Blanko-Vordruck für Lösungen mit wenigen Klebepunkten anbringen (das Lösungsfeld muß genau auf die Sektoreneinteilungen passen).
7. Beide Scheiben mit Musterbeutelklammer verbinden.
8. Oberhalb des Schlitzes auf der großen Scheibe den Richtungspfeil und ein Rechenzeichen anbringen.
9. Auf dem 3 cm breiten Rand der großen Scheibe Mengenpunkte bzw. Klebeetiketten mit Ziffern aufkleben (später mit neuen Ziffern überkleben).
10. Auf dem äußeren Rand der kleineren Scheibe das gleiche (bei Mengendarstellung in anderer Farbe) tun.
11. Ergebnisse der 8 Verknüpfungen in Pfeilrichtung ausrechnen und von oben nach unten in den Schlitz auf der Rückseite schreiben.
12. Kleinere Scheibe in Pfeilrichtung um 1 Sektor weiterdrehen (8 neue Aufgaben) und wie vorher die Lösungen in den Schlitz schreiben.
13. Diesen Vorgang wiederholen, bis alle 64 Ergebnisse eingetragen sind.

Hinweise für Lehrer

Diese Rechenscheibe enthält 64 Aufgaben. Das Foto zeigt als Beispiel additive Verknüpfungen zweier Teilmengen in Punktdarstellung (unterschiedliche Farben auf den beiden Scheiben). Diese werden später durch Ziffern ersetzt. Je nach Zahlenmaterial bzw. Rechenzeichen eignen sie sich auch für die Arbeit in höheren Klassenstufen.

Minus-Scheiben haben im 1. Schuljahr zunächst auf dem äußeren Kreis die größeren Minuenden als Punktdarstellungen.
Die Subtrahenden auf dem Innenkreis werden als Ziffern geschrieben. Sowohl Subtrahenden als auch Minuenden können mehrfach vorkommen. So können die Kinder entweder in Gedanken oder tatsächlich die zu subtrahierende Menge bei den äußeren Mengen abdecken und dann die Differenz nennen.

Partnerarbeit

Partner 1 rechnet im Uhrzeigersinn (Pfeilrichtung) nacheinander die 8 Aufgaben auf der Scheibe aus und nennt die Ergebnisse.
Partner 2 vergleicht auf der Rückseite von oben nach unten mit den Zahlen im Schlitz.
Scheibe um einen Sektor weiterdrehen.
Partnerwechsel.

Einzelarbeit

Es ist auch möglich, in Einzelarbeit die Aufgaben als Turm ins Heft abzuschreiben und die Ergebnisse nach der Lösung mit den Zahlen im Schlitz auf der Rückseite zu vergleichen.

Kontrollscheibe für die Rückseite der kleinen Scheibe

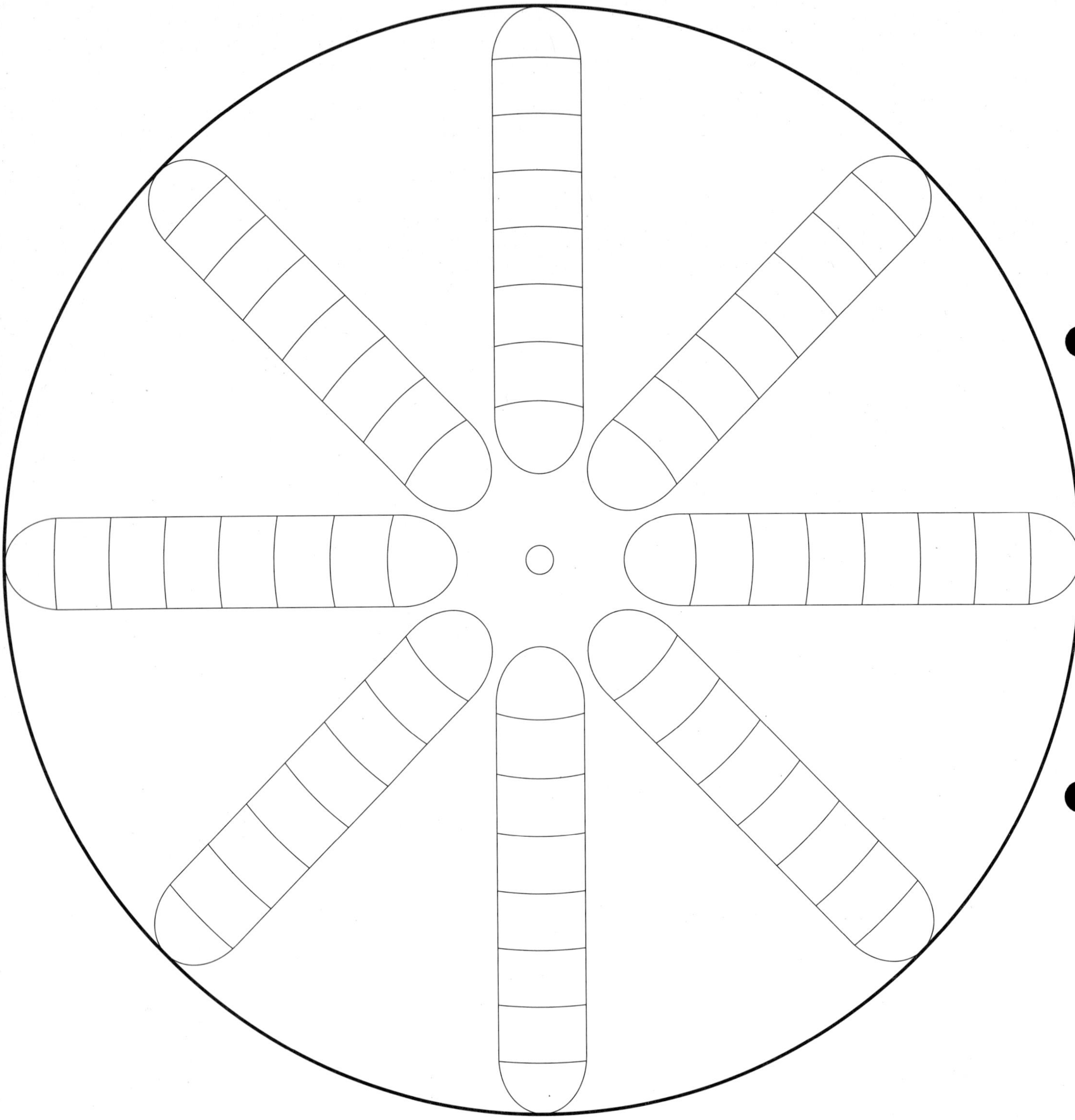

Ausschneiden und mit wenigen Klebeecken auf die Rückseite der kleinen Scheibe heften.
Je nach Aufgaben Kontrollscheibe auswechseln.
Ergebnisse von außen nach innen hineinschreiben.

21. Flaschenverschlüsse

Abb. 21.1

Abb. 21.2

Material

- Flaschenverschlüsse
- Klebeetiketten

Herstellung

Sammeln Sie Flaschenverschlüsse in diversen Größen, z. B. in einer Gastwirtschaft.

Kleben Sie auf die obere Fläche Klebeetiketten mit Mengendarstellungen oder Zifferntermen. Die Innenfläche beschriften Sie mit den Ergebniszahlen. In Einzel- oder Partnerarbeit können so Kopfrechenübungen vorgenommen werden, oder aber die Flaschendeckel sind Aufgabensteine bei Ereignisspielen.

Hinweise für Lehrer

Diese Art von Kopfrechenübungen können Sie im Verlauf des Schuljahres und auch in den weiteren Klassen durch Hinzufügen weiterer Aufgabensätze ausbauen und als Pflicht- bzw. freiwillige Übungen schnell und problemlos einsetzen. Zur Steigerung des Tempos können Sie auch eine Eieruhr einsetzen und die Aufgabe stellen: „Wie viele Aufgaben auf den Deckeln kannst du richtig ausrechnen, bis die Eieruhr abgelaufen ist?"
Natürlich können die Kinder die Aufgaben auch ins Heft schreiben und direkt durch Umdrehen des Deckels selbst kontrollieren.

22. Übungskartei, selbstgemacht, mit Eigenkontrolle durch Auflegefolie

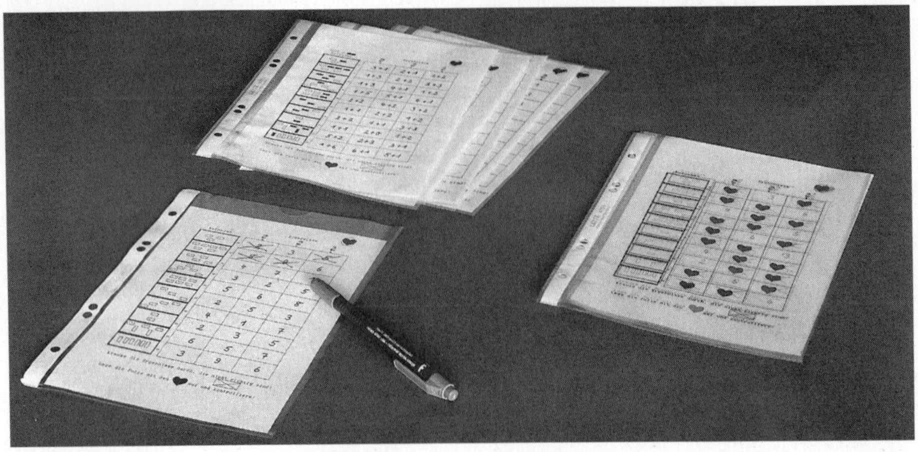

Abb. 22.1

Abb. 22.2

Material

- Blanko-Kopien
- Klarsichthüllen im Format DIN A5
- Overhead-Stift zum Durchkreuzen

Kopiervorlagen

1 Blanko-Vorlagen für neue Karteikarten und zur Herstellung von weiteren Kontrollfolien
1 Vorlage für Kontrollfolie mit Herzen für die Beispielkarten
1 Beispiel Menge – Ziffer
1 Beispiel 2 Teilmengen – Zifferntermn
1 Beispiel Minusaufgabe in Mengendarstellung – Auswahlterme
1 Beispiel gleich viele
1 Beispiel Addition mit Auswahlergebnissen
1 Beispiel Subtraktion mit Auswahlergebnissen
1 Beispiel Additionsgleichungen mit Leerstellen
1 Beispiel Subtraktionsgleichungen mit Leerstellen

Herstellung

1. Blanko-Kopie auf Folie kopieren
2. Mit Klebesymbolen bekleben, so daß in jeder Ergebniszeile 1 Feld frei bleibt
3. Karteikarten mit Aufgaben beschriften und mit dem zur Kontrollfolie passenden Symbol versehen. Karten durchnumerieren.
4. Ergebnisse entsprechend der Kontrollfolie so anordnen, daß das richtige Ergebnis im freien Feld steht
5. Karteikarten in Folienhüllen stecken und in einen Kasten legen
6. Kontrollfolie am Kasten befestigen, so daß die Kontrolle nur dort stattfinden kann
7. Folienstift bereitlegen

Hinweis für Lehrer

Mit diesem Arbeitsmittel beschäftigen sich die Kinder sehr gern. Die Kartei ist nach dem Prinzip des „multiple choice" aufgebaut. Falsche Ergebnisse werden mit Folienstift auf der Außenhülle durchgekreuzt. Beim Auflegen der Kontrollfolie ist das richtige Ergebnis in jeder Zeile zu sehen. Erscheint dort ein durchgekreuztes Ergebnis, so hat sich das Kind verrechnet und muß sich korrigieren.
Nach Beendigung der Arbeit schreiben die Kinder mit dem Folienstift auf die Rückseite der Hülle ihren Namen. Ich kann die Erledigung dann später in eine Klassenliste übertragen und habe so eine Übersicht, welches Kind welche Karteikarte gerechnet hat.
Später liegt bei der Kartei eine Klassenliste, in der die Kinder selbst die Nummer der erledigten Karte ankreuzen.
Nach diesem Verfahren können Sie mit fortlaufendem Lernprozeß die Karteien erweitern und Karten mit unterschiedlichem Schwierigkeitsgrad zur Differenzierung herstellen.
Viele Kinder schreiben später die Aufgaben mit den ausgerechneten Ergebnissen auch gern ins Heft und überprüfen ihre Rechnungen durch Auflegen der Kontrollfolie auf die Karteikarte. Die richtigen Ergebnisse werden abgehakt, falsche Rechnungen korrigiert.

Ergebnisse

Aufgaben		?	?	?
	=			
	=			
	=			
	=			
	=			
	=			
	=			
	=			
	=			
	=			

Kreuze die Ergebnisse durch, die nicht richtig sind!

☒

Lege die Folie mit den … auf und kontrolliere!

Ergebnisse

Aufgaben		?	?	?
	=	♥		♥
	=	♥	♥	
	=		♥	♥
	=	♥	♥	
	=	♥		♥
	=	♥	♥	
	=		♥	♥
	=		♥	♥
	=	♥		♥
	=	♥	♥	

Kreuze die Ergebnisse durch, die nicht richtig sind!

☒

Lege die Folie mit den … auf und kontrolliere!

Aufgaben

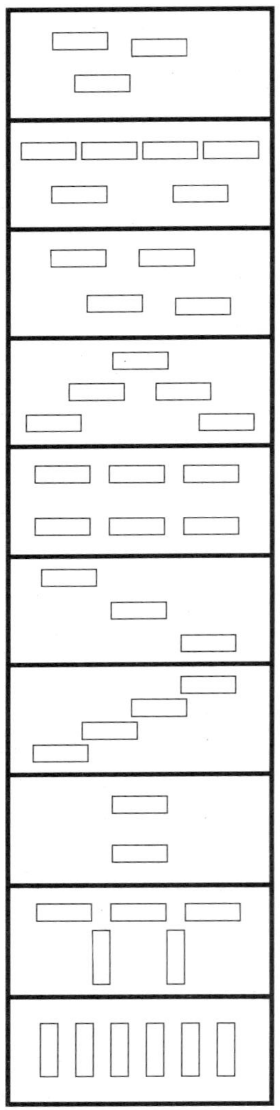

Ergebnisse

?	?	?
2	3	5
8	9	6
4	7	1
3	2	5
5	6	8
2	5	3
4	1	7
2	3	5
6	5	7
3	9	6

Kreuze die Ergebnisse durch, die nicht richtig sind!

Lege die Folie mit den ❤ auf und kontrolliere!

Aufgaben

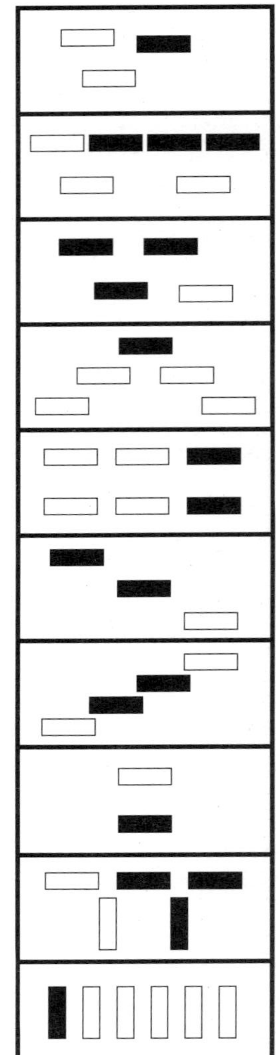

Ergebnisse

?	?	?
3+1	2+1	2+2
1+3	2+2	3+3
1+3	4+1	1+2
1+5	5+1	4+1
2+2	4+2	3+2
1+1	2+2	1+2
2+2	1+1	3+3
1+1	2+0	1+2
5+2	2+3	3+1
1+6	6+1	5+1

Kreuze die Ergebnisse durch, die nicht richtig sind!

Lege die Folie mit den ❤ auf und kontrolliere!

Aufgaben

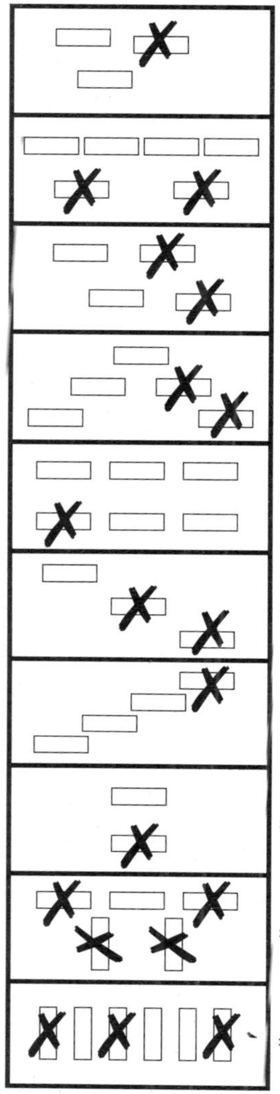

Ergebnisse

?	?	?
3-2=1	3-1=2	4-1=3
5-2=3	6-4=2	6-2=4
4-2=2	5-2=3	4-1=3
5-3=2	6-2=3	5-2=3
6-5=1	6-1=5	5-1=5
3-1=2	5-3=2	3-2=1
4-1=3	4-3=1	5-1=3
2-1=1	3-1=1	3-2=1
5-2=3	5-3=2	6-3=2
6-4=2	6-2=4	6-3=3

Kreuze die Ergebnisse durch, die nicht richtig sind!

Lege die Folie mit den ♥ auf und kontrolliere!

Aufgaben

Ergebnisse

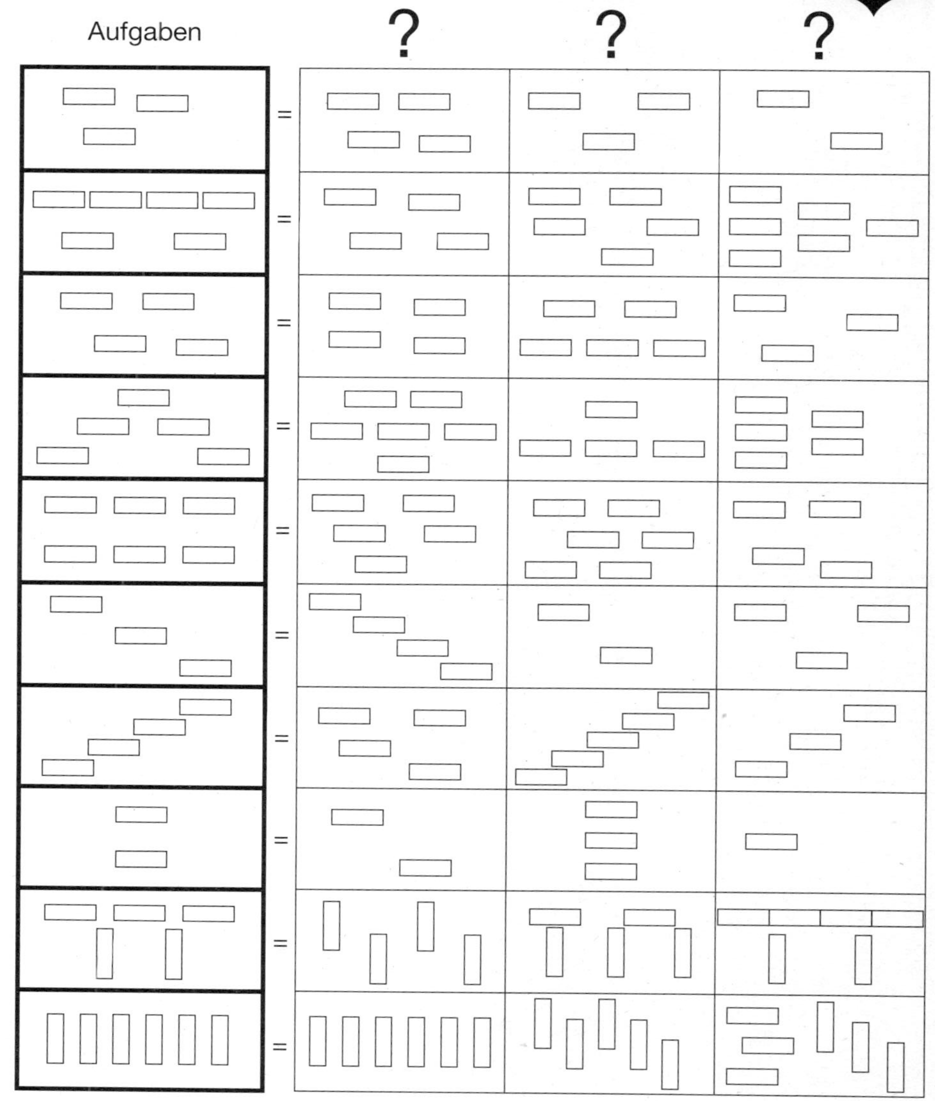

Kreuze die Ergebnisse durch, die nicht richtig sind!

Lege die Folie mit den ♥ auf und kontrolliere!

Aufgaben		Ergebnisse ?	?	?
3+2	=	1	5	6
1+3	=	5	2	4
4+2	=	6	5	2
2+3	=	1	4	5
1+5	=	4	6	5
2+2	=	0	5	4
3+1	=	4	2	3
1+4	=	5	3	6
2+4	=	2	6	5
3+3	=	0	5	6

Kreuze die Ergebnisse durch, die nicht richtig sind! ☒

Lege die Folie mit den … auf und kontrolliere!

Aufgaben		Ergebnisse ?	?	?
4-2	=	3	2	6
5-1	=	6	3	4
6-3	=	3	2	5
3-2	=	5	2	1
4-4	=	6	0	2
5-3	=	3	5	2
6-1	=	5	4	6
3-1	=	2	4	3
4-3	=	3	1	4
6-4	=	5	3	2

Kreuze die Ergebnisse durch, die nicht richtig sind! ☒

Lege die Folie mit den … auf und kontrolliere!

Aufgaben		?	?	?
		Ergebnisse		
3+□=6	=	2	3	1
2+□=5	=	1	4	3
1+□=3	=	2	4	3
5+□=6	=	3	2	1
4+□=6	=	1	2	3
□+1=4	=	3	4	2
□+4=5	=	1	3	2
□+3=6	=	3	4	1
□+1=5	=	3	4	2
□+2=4	=	1	3	2

Kreuze die Ergebnisse durch, die nicht richtig sind!

☒

Lege die Folie mit den … auf und kontrolliere!

Aufgaben		?	?	?
		Ergebnisse		
6-□=2	=	2	4	3
4-□=1	=	2	1	3
5-□=3	=	2	3	1
3-□=3	=	3	2	0
2-□=0	=	0	2	1
□-2=4	=	2	5	6
□-1=3	=	4	2	3
□-5=3	=	5	0	6
□-0=4	=	5	4	0
□-3=2	=	2	3	5

Kreuze die Ergebnisse durch, die nicht richtig sind!

☒

Lege die Folie mit den … auf und kontrolliere!

23. Zahlen- und Mengenstreifen und Zahlen- und Mengentafeln

Abb. 23.1

Abb. 23.2

Kopiervorlagen

- Mengenkarten mit Mengen 1 bis 9
- Ziffernkarten 1 bis 9
- Relations- und Rechenzeichen
- Blanko-Vorlage für weitere Karten

Herstellung

Vorlagen mehrfach auf Karteikartenpappe kopieren.
Jede Vorlage einmal für Einzelkarten verwenden. Dazu die Pappe mit Folie beziehen und zerschneiden.

Aus diesen Einzelkarten lassen sich durch unterschiedliche Anordnung sowohl Streifen als auch Lottokarten herstellen.
Die Mengenkarten kann man zusätzlich noch unterschiedlich weiterbearbeiten, z. B.

- durch Überkleben mit farbigen Klebepunkten Teilmengenkarten herstellen für Plus-Darstellungen
- oder durch Auskreuzen Minus-Darstellungen herstellen
- für beide entsprechende Termkarten beschriften usw.

* Als flexible Streifen eignen sich auch die Folienziffern und Wachstuchstreifen aus Beispiel (31) „Hundertertafel".

Hinweise für Lehrer

Mit Hilfe dieser Kopiervorlagen können Sie die unterschiedlichsten Einzelkarten und Ziffern- und Mengenstreifen bzw. Lottokarten herstellen. Wenn Sie die großformatigen Kopiervorlagen benutzen oder diese kleinformatigen vergrößern, haben Sie damit auch Arbeitsmittel für die Frontalarbeit mit der gesamten Klasse, z. B. beim Kopfrechnen.
Hängen Sie z. B. einen Zahlenstreifen an, und schreiben Sie einen Operator für alle Zahlen dahinter, z. B.:

2	
4	
3	(+3)
…	

oder 2 Streifen, deren Zahlen addiert oder subtrahiert werden

5		2
7	(−)	6
4		4
…		…

1	4	7
2	5	8
3	6	9

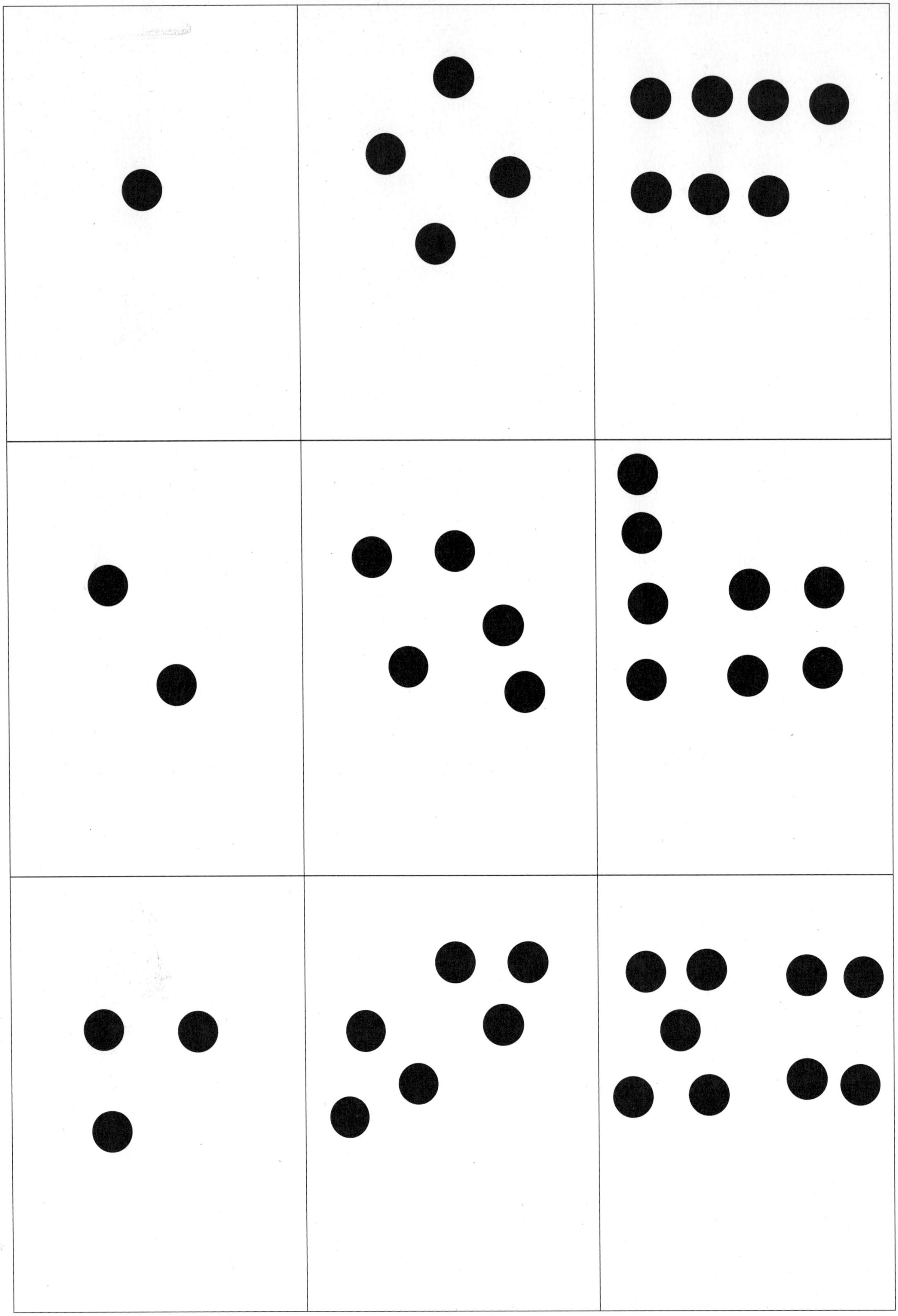

24. Quartett mit Tierziffern und Punktdarstellungen

Abb. 24.1

Abb. 24.2

Material

- Quartett mit 40 Spielkarten, die im oberen Bereich Tiermotive zeigen, in denen die Ziffern 1 bis 10 versteckt sind, und in deren unteren Hälfte die Anzahl der Punktmengen dargestellt sind.

Weitere Kartentypen

4 Auweia-Karten und
6 Ohhh. . .-Karten.

Kopiervorlagen

10 Quartettkarten (für jede Zahl eine)
4 Auweia-Karten
6 Ohhh. . .-Karten

Herstellung

1. Quartettkarten

Kopieren Sie das Blatt mit den Tierziffern (S. 98) 4 mal auf Karteikarten-Karton
Bekleben Sie die Punktdarstellungen auf jedem Blatt mit farbigen Klebepunkten, ein Blatt mit roten, ein Blatt mit blauen, ein Blatt mit grünen und ein Blatt mit gelben, oder malen Sie die Punkte farbig aus.
Malen Sie (oder die Kinder oder Eltern) die Tierbilder an.
Beziehen Sie die Tierbilder-Karten mit Folie.
Schneiden Sie sie zu Einzelkarten auseinander.

2. Halbierte Karten für Zuordnungen

Kopieren Sie das Blatt mit den Tierziffern einmal auf Karteikarten-Karton.
Bekleben Sie die Punktdarstellungen auf jedem Blatt mit schwarzen Klebepunkten, oder malen Sie die Punkte schwarz aus.
Malen Sie (oder die Kinder oder Eltern) die Tierbilder an.
Beziehen Sie die Tierbilder-Karten mit Folie.
Schneiden Sie sie zu Einzelkarten auseinander.
Schneiden Sie diese zu Hälften auseinander.

3. Auweia-Ohhh. . .-Karten

Kopieren Sie die Auweia-Karten (−1, −3, −5, −7) und die Ohhh. . .-Karten (+2, +4, +6, +8, +9, +10) auf Karteikarten-Karton.
Malen Sie beide Sorten in unterschiedlichen Farben an, und beziehen Sie sie mit Folie oder beziehen Sie sie mit farbigen Klebefolien und schneiden sie zu Einzelkarten auseinander.

Hinweise für Lehrer

Spielvorschläge

1. Zahlen – Mengen – Zuordnungen

Mit den halbierten Karten können die Kinder Zuordnungsübungen machen, indem sie die Karten wieder vervollständigen.

Das kann in Einzel- oder in Partnerarbeit geschehen:

Einzelarbeit

Das Kind legt die Zahlenreihe von 1 bis 10 mit den Ziffernhälften und ordnet die entsprechenden Mengenhälften zu oder umgekehrt.

Partnerarbeit

Ein Kind hat einen Satz Ziffernhälften, ein anderes die Mengenhälften. Ziffern- bzw. Mengenhälften werden ausgespielt und müssen vom Partner zur vollständigen Karte ergänzt werden.

Gruppenarbeit Memory

2–4 Mitspieler
Die 20 Kartenhälften liegen verdeckt auf dem Tisch. Die Kinder versuchen nacheinander, die beiden passenden Hälften aufzudecken. Passen sie nicht, werden beide wieder umgedreht, und der nächste Spieler ist an der Reihe. Passen sie, so dürfen weitere 2 Karten umgedreht werden – so lange, bis sie nicht mehr passen.

2. Partnerspiel „Stechen"

2 Mitspieler
12 Kartenhälften (1 bis 6 heraussortiert für Zahlenraum bis 6)
oder 24 ganze Quartettkarten (1 bis 6 heraussortiert)
oder 20 Kartenhälften (1 bis 10 in Zahlen und Mengen) oder
1 vollständiges Quartettspiel mit ganzen Karten (40 Stück)

Spielregel

Die Karten (oder -hälften) werden gut gemischt und je zur Hälfte an die beiden Mitspieler verteilt.
Jeder nimmt seinen Stapel verdeckt in die Hand.
Gleichzeitig decken beide die oberste Karte auf und vergleichen die Werte miteinander.
Gewonnen hat der Spieler mit dem höheren Wert. Dieser bekommt beide Karten. Bei gleichen Werten entscheidet der nächste Stich. Der Sieger dieses Stiches bekommt dann alle vier Karten.
Erfahrungsmäßig geht dieses Spiel selten so zu Ende, daß eine(r) keine Karten mehr hat. Es wird abgebrochen, und jeder zählt seine Karten.
Sieger ist, wer die meisten Karten hat.
Da nicht alle Kinder am Anfang schon richtig zählen können, legen beide gleichzeitig je 1 Karte an die des anderen (eineindeutige Zuordnung) und sehen dann, welche Reihe länger ist.

Variante: „Stechen" mit „Punkten"

Material wie vorher,
zusätzlich für jeden Spieler 20 Steckklötze, Muggelsteine, Bohnen o. ä. als „Punkte"

Spielregel

Bei jedem Stich muß der Sieger die Differenz in „Punkten" an den Verlierer auszahlen. Er selbst (der Sieger) bekommt beide Karten.
Bei gleichen Werten siehe oben.

Auf diese Weise werden 2 Ziele erreicht:

1. Es gibt keinen Verlierer bei jedem Stich, denn der Sieger bekommt die Karte, der Verlierer die Differenzpunkte.
2. Es wird viel gerechnet, weil jedesmal die Differenz festgestellt werden muß.

Spielende

- wenn ein Partner keine Karte mehr hat
- oder wenn 1 Partner „zahlungsunfähig" ist
- oder wenn beide keine Lust (oder keine Zeit) mehr haben.

Am Schluß zählen beide Partner sowohl ihre Karten als auch ihre „Punkte".
Der Sieger nach Karten ist nicht gleichzeitig auch der Sieger nach Punken, so daß es häufig zwei Sieger gibt – eine soziale Komponente, die nicht zu unterschätzen ist!

3. Gruppenspiel „Schnapp"

2 bis 6 Mitspieler
1 Quartettspiel (alle 40 Karten)
1 Glücksrad (Herstellung siehe Material 2: „Glücksräder")

Spielregel

alle 40 Quartettkarten liegen offen durcheinander auf dem Tisch.
Das Glücksrad wird gedreht und zeigt an, welche Sorte davon „geschnappt" werden soll.
Sieger: Wer am Schluß die meisten Karten geschnappt hat.

4. Anlegespiel „Pechvogel"

4 Mitspieler
1 Quartettspiel

Spielregel

Der Kartengeber wird ausgelost (z. B. wer die höchste Karte zieht). Er mischt, läßt abheben und verteilt reihum.
Jeder Mitspieler legt sein Kartenpäckchen verdeckt vor sich auf den Tisch. Der Reihe nach deckt jeder Spieler nun eine Karte auf. Ist es eine 10, so wird diese in die Mitte gelegt. Sonst bleibt die Karte aufgedeckt neben dem eigenen Päckchen liegen.
Die folgenden Spieler können an die 10 anlegen, und zwar immer nur in gleicher Farbe und in der Wertfolge 9, 8, 7, 6, 5, 4, 3, 2, 1.
Wer an die Reihe kommt, darf beliebig viele passende Karten von seinem offenliegenden Päckchen anlegen – und zwar nicht nur an die Reihen, sondern auch auf die aufgedeckten Karten der anderen Mitspieler.

Paßt keine der offenen Karten, so wird eine neue umgedreht. Kann er sie irgendwo anlegen, darf noch eine umgedreht werden – so lange, bis er nicht mehr anlegen oder auf die offenen Karten der anderen legen kann. Dann kommt der linke Nachbar an die Reihe.
Mit einer 10 wird eine neue Reihe eröffnet, an die wiederum angelegt werden kann.
Wenn der eigene Kartenstoß verbraucht ist, werden die aufgedeckten Karten umgedreht, aufgedeckt und evtl. angelegt.
Sieger ist, wer zuerst alle seine Karten angelegt hat. Wer bis zuletzt auf einer oder mehreren Karten sitzenbleibt, wird zum „Pechvogel" ernannt.

5. Gruppenspiel „Auweia-Ohhh...!"

Je nach Zahl der Mitspieler (am besten 4 Mitspieler)

- je 1 Satz einer Farbe von 1 bis 10 (die restlichen Karten beiseite legen)
- die 4 Auweia-Karten
- die 6 Ohhh...-Karten

Diese Spielform erfordert Taktik und Mitdenken wie z. B. beim Skat, Sechsundsechzig, Doppelkopf usw., denn man muß

a) behalten, welche Karten bereits ausgespielt bzw. welche noch im Spiel sind,
b) sich entscheiden, welchen Kartenwert man riskieren will, um eine positive Ohhh...-Karte zu bekommen bzw. eine negative Auweia-Karte nicht zu bekommen,
c) Glück haben, weil gleichwertige Karten sich aufheben und damit wertlos werden.

Spielregel

Jeder Mitspieler erhält alle zehn Karten einer Farbe. Weiterhin gehören zu diesem Spiel 4 Auweia- und 6 Ohhh...-Karten.
Die Auweia-Karten zeigen die Minus-Werte 1, 3, 5, 7, die Ohhh...-Karten die Plus-Werte 2, 4, 6, 8, 9 und 10.
Eine solche Karte wird bei jeder Runde als erste von einem gut gemischten Stapel aufgedeckt.
Das jeweilige Vorzeichen zeigt an, ob in der laufenden Runde die höchste oder die niedrigste Karte „sticht".
Jeder Mitspieler versucht nun, eine seiner Karten so auszuspielen, daß er entweder vermeidet (bei Minus-Karten) oder erreicht, daß er die Auweia- bzw. Ohhh...-Karte bekommt.
Gleichwertige Karten heben sich auf.
Der Sieger wird dann aus den restlichen Karten ermittelt.
Die ausgespielten Karten werden nach jeder Runde aus dem Spiel genommen.
Die Ohhh...-Karten jedes Spielers werden am Schluß addiert und die Auweia-Karten davon subtrahiert.
Sollten die Minus-Werte höher sein als die Plus-Werte, so wird die Differenz in der Minus-Spalte eingetragen, anderenfalls zählt der Differenzbetrag als Plus-Wert.
Wer diese Taktik noch nicht durchschaut, muß sich auf sein Glück verlassen, wird aber im Laufe der Zeit merken, daß eine gewisse Taktik von Vorteil ist und daß man sich merken sollte, welche Ziffern-Mengenkarten bereits ausgespielt sind.

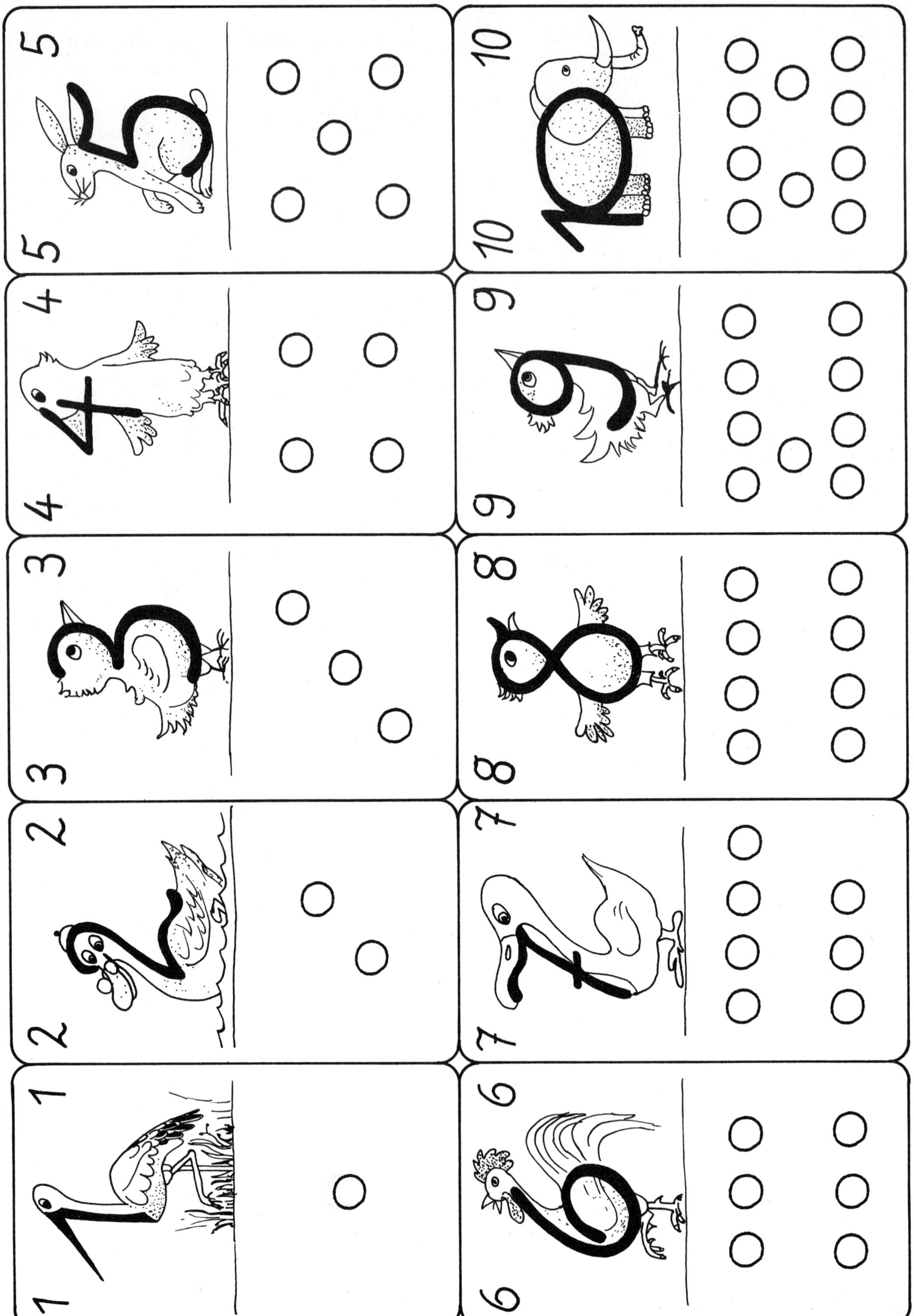

1
1
2
2
3
3
4
4
5
5
6
6
7
7
8
8
9
9
10
10

du ... weia
−3
du ... weia
−7
du ... weia
−1
du ... weia
−5
ohh...
+6
ohh...
+10
ohh...
+4
ohh...
+9
ohh...
+2
ohh...
+8

au . . . — . . . weia
au . . . — . . . weia
au . . . — . . . weia
au . . . — . . . weia
ohh...
ohh...
ohh...
ohh...
ohh...
ohh...

Für die Rückseite von Kartenspielen

25. Setzleisten mit Zahlen-Mengenquartett

Abb. 25.1

Abb. 25.2

Material

4 Setzleisten mit 2 Einschnitten (Länge 45–50 cm)
- Quartettkarten

Kopiervorlagen (siehe unter 24)

Herstellung (siehe unter 8 und 24)

Hinweise für Lehrer

Kinder im 1. Schuljahr haben Schwierigkeiten, Spielkarten gefächert in der Hand zu halten.
Darum werden die Karten in die zwei Einschnitte der Setzleisten gesteckt. Werden sie auf Lücke gesteckt, so sind alle Werte zu erkennen, und beide Hände der Spieler sind frei.

Spielvorschläge

1. Quartett

4 Mitspieler
1 Quartettspiel

Spielregel

Die 40 Karten werden gleichmäßig an die Mitspieler verteilt.
Es sollen Quartette gesammelt werden. Nacheinander darf jeder Spieler seine Partner so lange um Karten, die ihm fehlen, bitten, bis jemand „nein" sagt.
Dann darf der nächste fragen. Fertige Quartette werden herausgelegt.
Das Spiel endet, wenn ein Mitspieler alle seine Karten herausgelegt hat.
Gezählt werden entweder die Karten oder die Punkte, die jeder nach Spielende noch hat. Letzteres ist erst im 2. Schuljahr oder als Differenzierung möglich.

Variante

Anstatt die Mitspieler nach fehlenden Karten zu fragen, kann auch reihum oder gleichzeitig eine Karte vom rechts sitzenden Mitspieler gezogen werden, oder auf das Kommando „Hopp" reicht jeder eine Karte, die er nicht gebrauchen kann, an seinen linken Nachbarn weiter.

2. Schwarzer Peter

4 Mitspieler
1 Quartett mit 39 Karten (eine Karte herausnehmen); diese Karte ersetzen durch
1 Auweia-Karte als „Schwarzer Peter"

Je Mitspieler eine Setzleiste (siehe Abb. 25.2)

Spielregel

Eine der im Spiel befindlichen Karten wird durch eine Auweia-Karte ersetzt. Das ist der Schwarze Peter. Die Karten werden gleichmäßig an die Mitspieler verteilt und auf die Setzleisten gesetzt. Jeder bekommt acht Karten.
Reihum darf jeder eine Karte aus dem Vorrat des rechts sitzenden Mitspielers ziehen.
Je nach Vereinbarung darf man Paare oder Quartette ablegen. Sieger ist, wer als erster alle seine Karten abgelegt hat.
Gezählt werden die Karten der Nicht-Sieger. Wer den „Schwarzen Peter" hat, bekommt einen schwarzen Klebepunkt auf die Nase oder die Stirn geklebt. Beobachtungskarte für Kartenspiele extra.

26. Quartett mit Geldwerten bis 10 DM

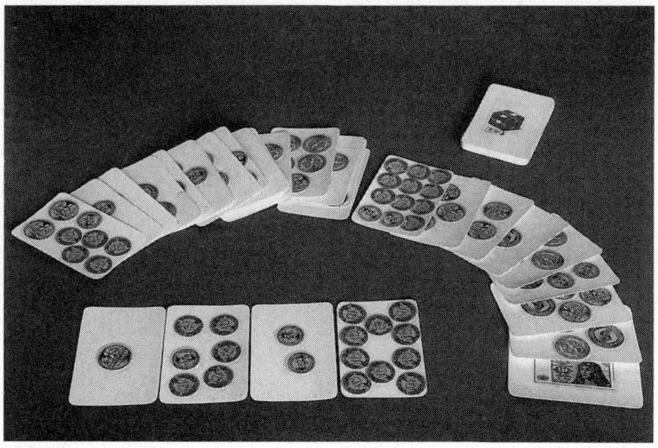

Abb. 26.1

Abb. 26.2

Material

40 Blanko-Spielkarten

- Spielgeld von Ihrer Bank oder Sparkasse
- Folie zum Beziehen

Kopiervorlagen

Keine

Herstellung

Kleben Sie aus dem Spielgeld je 4 Karten zu den Beträgen 1 DM bis 10 DM in unterschiedlichen Münzsorten zu Quartetten zusammen.
Beziehen Sie die Karten mit Folie.

Hinweise für Lehrer

Geld ist eine faszinierende Sache – auch schon für Kinder im 1. Schuljahr!
Ich habe kaum eine Schülerin und kaum einen Schüler erlebt, die nicht gern damit umgehen.
Spielgeld gibt es – im Gegensatz zu „echtem" Geld – in jeder Bank oder Sparkasse umsonst.
Für meine 1. Klasse habe ich daraus ein Quartettspiel mit je 4 unterschiedlichen Darstellungen der Geldwerte bis 10 DM hergestellt (Abb. 26.1).
Außerdem hat jedes Kind noch sein eigenes Faltportemonnaie (siehe Beispiel 32) mit den Münzen aus dem Rechengeld von der Sparkasse.
Mit diesem Quartett kann man nach unterschiedlichen Spielregeln verschiedene Spiele spielen:

1. Stechen

2 Mitspieler
1 vollständiges Geldquartett

Spielregel

Die 40 Karten werden gut gemischt und gleichmäßig an die beiden Mitspieler verteilt.
Jeder hat seinen Stapel verdeckt in der Hand oder vor sich auf dem Tisch liegen.
Gleichzeitig decken beide die oberste Karte auf und vergleichen die Werte miteinander.
Gewonnen hat der Spieler mit dem höheren Geldwert. Der Sieger bekommt beide Karten und schiebt sie unter seinen Stapel.
Bei gleichen Werten entscheidet der nächste Stich.
Der Sieger bekommt dann alle vier Karten.

Variante: „Stechen" mit Auszahlen

Material wie vorher, zusätzlich für jeden Spieler:

10 1 DM-Stücke
5 2 DM-Stücke
1 5 DM-Stück

Spielregel

Bei jedem Stich muß der Sieger den Differenzbetrag in Münzen an den Verlierer auszahlen. Er selbst (der Sieger) bekommt beide Karten.
Bei gleichen Werten siehe oben.

1. Es gibt keinen Verlierer bei jedem Stich, denn der Sieger bekommt die Karten, der Verlierer den Differenzbetrag.
2. Es wird viel gerechnet und u. U. Geld gewechselt, weil jedesmal die Differenz festgestellt und ausbezahlt werden muß.

2. Memory

2–4 Mitspieler

Die Karten werden gut gemischt und verdeckt auf dem Tisch ausgebreitet.
Reihum dürfen 2 Karten nacheinander aufgedeckt werden. Passen die Geldwerte zueinander, gehören sie dem Spieler; wenn nicht, werden beide Karten wieder umgedreht.
Am Schluß werden die Paare gezählt. Je Paar gibt es einen Punkt. Quartette zählen 4 Punkte.

3. Gruppenspiel „Schnapp"

2 bis 6 Mitspieler
1 Quartettspiel (alle 40 Karten)
1 Glücksrad (Herstellung siehe Material 2: „Glücksräder") mit Geldbeträgen

Spielregel

Alle 40 Quartettkarten liegen offen durcheinander auf dem Tisch.
Das Glücksrad wird gedreht und zeigt an, welche Sorte davon „geschnappt" werden soll.
Sieger: Wer am Schluß die meisten Karten geschnappt hat.

4. Das Einkaufsspiel

Beliebige Zahl an Mitspielern.
Zum Einkaufen habe ich zusätzlich Warenkarten hergestellt. Dazu habe ich aus Reklamesendungen Bilder von Waren ausgeschnitten, diese auf Blanko-Spielkarten (Bezugsquelle s. o.) geklebt, sie mit Folie bezogen und anschließend mit wasserfestem Folienstift volle DM-Preise dazugeschrieben.
Jetzt kann eingekauft und mit den Beträgen auf den Spielkarten oder aus dem eigenen Portemonnaie bezahlt werden.
Das Bezahlen mit den Spielkarten hat den Vorteil, daß nicht jedesmal die Geldstücke zurücksortiert werden müssen, sondern daß lediglich das Kartenspiel wieder zusammengestellt werden muß.

27. Setzleisten mit Geldquartett

Abb. 27.1

Abb. 27.2

Material

4 Setzleisten mit 2 Einschnitten (Länge 45–50 cm)
- Quartettkarten

Kopiervorlagen

Keine.

Herstellung

siehe unter 8 und 24.

Hinweise für Lehrer

Kinder im 1. Schuljahr haben Schwierigkeiten, Spielkarten gefächert in der Hand zu halten.
Darum werden die Karten in die zwei Einschnitte der Setzleisten gesteckt. Werden sie auf Lücke gesteckt, so sind alle Werte zu erkennen, und beide Hände der Spieler sind frei.

Spielvorschläge

1. Quartett

4 Mitspieler
1 Geldquartett mit 40 Karten
je Mitspieler 1 Setzleiste

Spielregel

Die 40 Karten werden gleichmäßig an die Mitspieler verteilt. Es sollen Quartette mit gleichen Geldbeträgen gesammelt werden. Nacheinander darf jeder Spieler seine Partner so lange um Karten bitten, die ihm fehlen, bis jemand „nein" sagt.
Dann darf der nächste fragen. Fertige Quartette werden herausgelegt.
Das Spiel endet, wenn ein Mitspieler alle seine Karten herausgelegt hat. Gezählt werden entweder die Karten oder die Punkte, die jeder nach Spielende noch hat. Letzteres ist erst im 2. Schuljahr oder als Differenzierung möglich.

Variante

Anstatt die Mitspieler nach fehlenden Karten zu fragen, kann auch reihum oder gleichzeitig eine Karte vom rechts sitzenden Mitspieler gezogen werden, oder auf das Kommando „Hopp" reicht jeder eine Karte, die er nicht gebrauchen kann, an seinen linken Nachbarn weiter.

2. Schwarzer Peter

4 Mitspieler
1 Geldquartett mit 40 Karten
je Mitspieler eine Setzleiste (siehe Foto)

Spielregel

Auf eine der im Spiel befindlichen Karten wird ein schwarzer Klebepunkt gesetzt. Das ist der Schwarze Peter. Die Karten werden gleichmäßig an die Mitspieler verteilt und auf die Setzleisten gesetzt. Jeder bekommt acht Karten.
Reihum darf jeder eine Karte aus dem Vorrat des rechts sitzenden Mitspielers ziehen.
Je nach Vereinbarung darf man Paare oder Quartette ablegen. Sieger ist, wer als erster alle seine Karten abgelegt hat.
Gezählt werden die Karten der Nicht-Sieger. Wer den „Schwarzen Peter" hat, bekommt einen schwarzen Klebepunkt auf die Nase oder die Stirn geklebt.

28. Setzleisten mit Aufgaben- und Ergebniskarten

Abb. 28.1

Abb. 28.2

Material

1 2 Setzleisten
- Blanko-Spielkarten oder
- Karteikarten-Pappe in Spielkartengröße zerschneiden (für Aufgabenkarten)
- Spielkarten zur Hälfte durchgeschnitten (für Ergebniskarten)

Kopiervorlagen

1 Beispielsatz Mengenkarten 1 bis 9 (im unteren Teil Ergebniszahlen)
1 Beispielsatz Lösungskarten (Ziffern 0 bis 10, die Rechenzeichen +, −, =, die Relationszeichen und zwei Relationskrokodile
1 Blanko-Vorlage für Aufgabenkarten
1 Blanko-Vorlage für Lösungskarten

Herstellung

Setzleisten siehe unter 8

Aufgaben- und Ergebniskarten

Kopieren Sie die Beispielsätze auf Karteikarten-Karton oder beschriften Sie Blanko-Karten mit Aufgaben und Ergebnissen.
Unterhalb der gestrichelten Linie werden bei den Aufgabenkarten für die spätere Kontrolle ebenfalls die Ergebnisse geschrieben.

Hinweise für Lehrer

Eine weitere Funktion haben die Setzleisten, wenn Aufgabenkarten in die hintere Reihe gesteckt werden. Die im unteren Bereich verzeichneten Ergebnisse verschwinden dabei im Einschnitt der Setzleiste.

Die Ergebniskarten (halbe Größe) werden vor die Aufgabenkarte in den vorderen Einschnitt gesteckt. Die Kontrolle erfolgt durch Herausziehen der hinteren Karte.
Dann kann man die Ergebniskarten vergleichen.
Nach diesem Verfahren lassen sich weitere Karten in vielerlei Darstellungsformen herstellen.

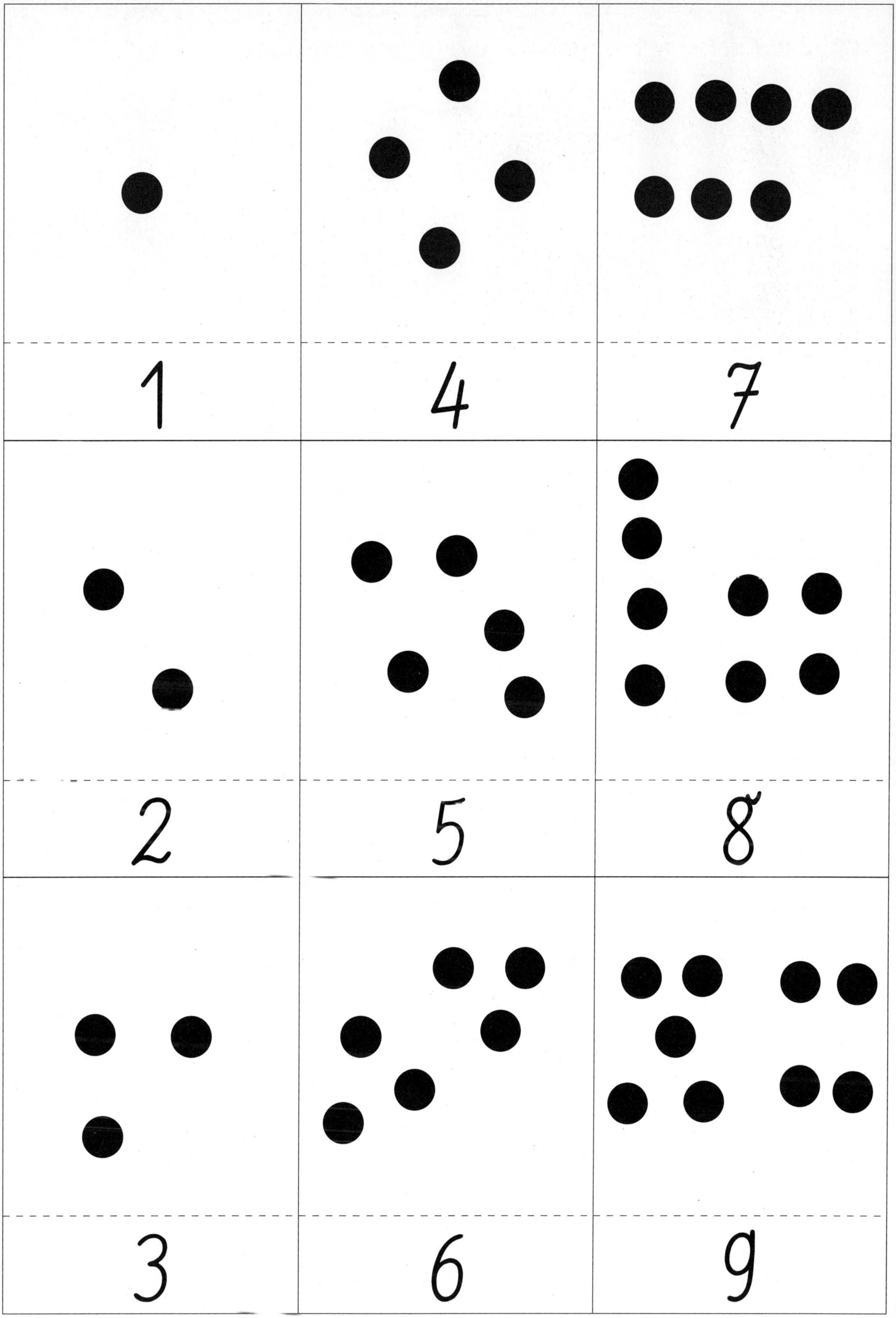
1
4
7
2
5
8
3
6
9

1	2	3
4	5	6
7	8	9
10	+	−
<	>	=
		0

29. Das Leiterspiel

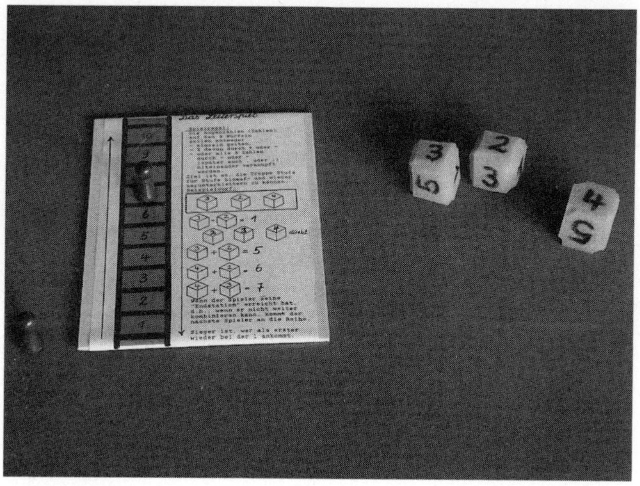

Abb. 29.1

Abb. 29.2

Material

1 Sperrholzbrett 22 × 22 cm
1 Spielplan
3 Würfel (möglichst Ziffernwürfel)
2 Setzsteine

Kopiervorlage

- Spielplan mit Spielregel (Beispiel für die Würfelkombination auf Abb. 29.1)

Herstellung

Schneiden Sie den Spielplan mit der Spielregel aus.
Kleben Sie ihn auf die Sperrholzplatte.
Malen Sie die Setzfelder der Leiter an oder kleben Sie einen farbigen Folienstreifen darüber.
Überziehen Sie alles mit Folie.

Hinweise für Lehrer

Dieses Spiel ist schon recht anspruchsvoll. Voraussetzung ist die Beherrschung der Addition und der Subtraktion (später auch der Multiplikation und der Division). Weiterhin geht es um das Erkennen möglicher Verknüpfungen mit dem Ziel, die Treppe Stufe für Stufe hinauf- und wieder herunterklettern zu können.

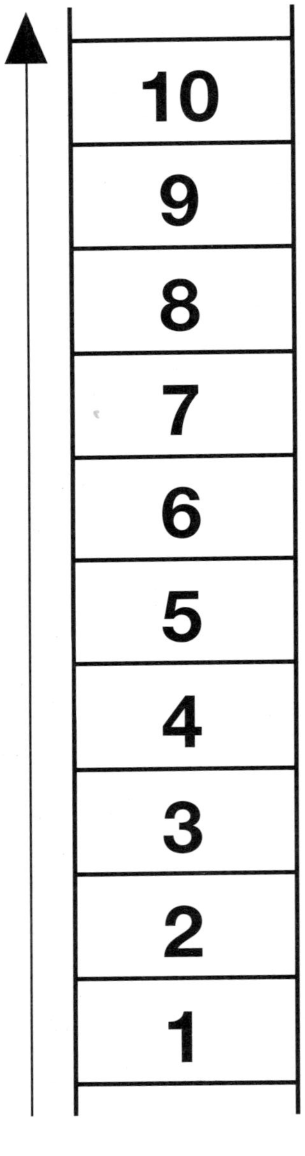

Das Leiterspiel

Spielregel:

Die Augenzahlen (Zahlen) auf den 3 Würfeln sollen entweder

– einzeln gelten,
– 2 davon durch + oder –
– oder alle 3 Zahlen durch + oder – (später auch · oder :) miteinander verknüpft werden.

Ziel ist es, die Treppe Stufe für Stufe hinauf- und wieder herunterklettern zu können.

Beispielwurf:

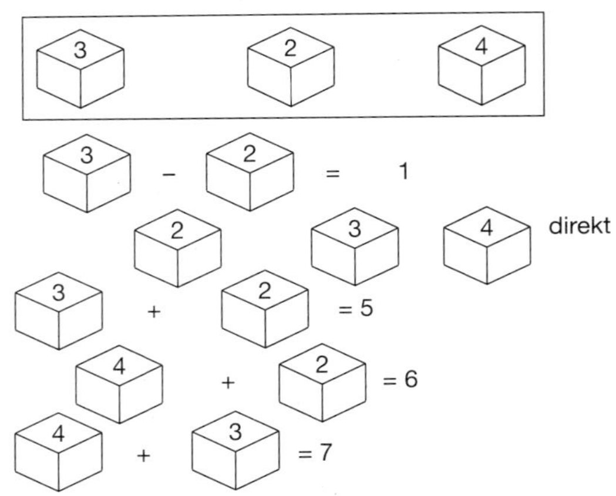

Wenn der Spieler seine „Endstation" erreicht hat, d. h., wenn er nicht weiter kombinieren kann, kommt der nächste Spieler an die Reihe. Sieger ist, wer als erster wieder bei der 1 ankommt.

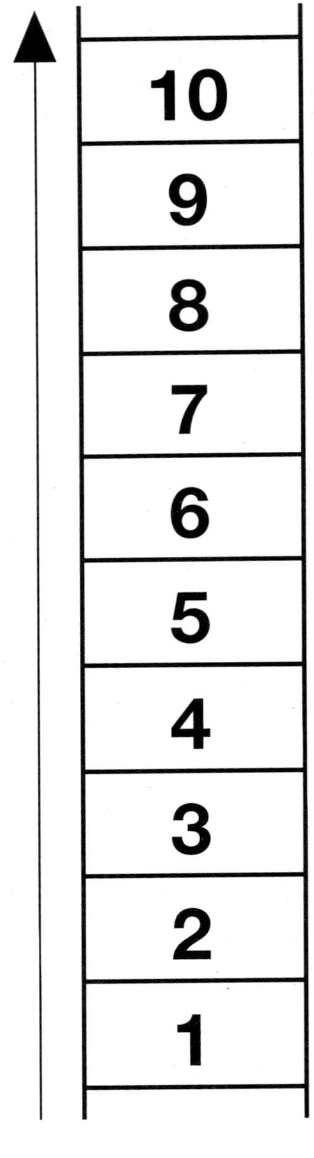

Das Leiterspiel

Spielregel:

Die Augenzahlen (Zahlen) auf den 3 Würfeln sollen entweder

– einzeln gelten,
– 2 davon durch + oder –
– oder alle 3 Zahlen durch + oder – (später auch · oder :) miteinander verknüpft werden.

Ziel ist es, die Treppe Stufe für Stufe hinauf- und wieder herunterklettern zu können.

Beispielwurf:

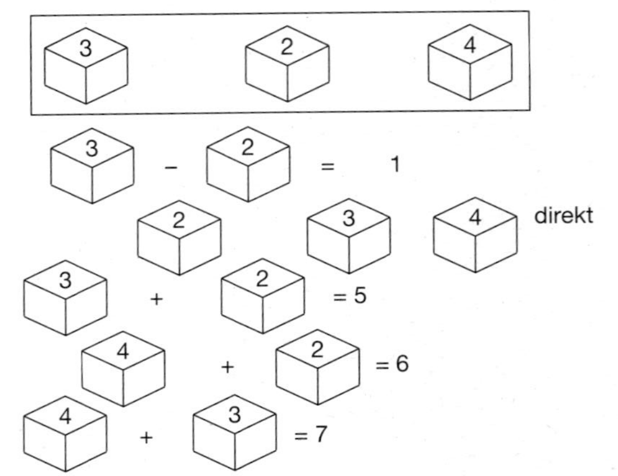

Wenn der Spieler seine „Endstation" erreicht hat, d. h., wenn er nicht weiter kombinieren kann, kommt der nächste Spieler an die Reihe. Sieger ist, wer als erster wieder bei der 1 ankommt.

30. Zahlenwirbel

Abb. 30.1

Abb. 30.2

Material

1 Sperrholzbrett 22 × 22 cm
11 Klebepunkte für die Setzfelder
11 Setzsteine (Holzscheiben) mit Ziffern 0 bis 10
1 Glücksrad zum Ermitteln der neuen Zielzahl (siehe unter Beispiel 2)
- Für jeden Mitspieler Papier (Matheheft) und Stift zum Aufschreiben der Aufgaben

1 Eieruhr

Kopiervorlage

- Kopiervorlage des Spielplanes

Herstellung

Spielplan auf das Sperrholzbrett kleben.
Die Setzfelder mit Klebepunkten an den Eckpunkten und in der Mitte markieren.
Mit Folie beziehen.
Glücksrad, siehe Beispiel 2 „Glücksräder“

Eieruhr

- entweder selbst herstellen aus 2 Flaschen, gesiebtem Vogelsand, einer „Membrane“ aus Stoff oder Pappe (Lochgröße ausprobieren) und Klebeband zum Abdiohten
- oder fertig kaufen (evtl. auch als „Werbung“ für Zahnputzmittel umsonst)

Hinweise für Lehrer

Spielvorschlag

2 bis 4 Mitspieler
Material siehe oben
Die mittlere Zahl ist die Zielzahl. Sie wird mit dem Glücksrad ermittelt und mit dem entsprechenden Setzstein belegt.
Die übrigen Zahlensteine werden beliebig auf die restlichen 10 Setzfelder verteilt.
Es soll versucht werden, möglichst viele Aufgaben mit dem Ergebnis der Zielzahl zu finden.
Verknüpft werden dürfen nur Zahlen, die durch Linien verbunden sind und zur Zielzahl führen.
Nach Ablauf einer Eieruhr werden die gefundenen Aufgaben verglichen.
Sieger ist, wer die meisten richtigen Aufgaben gefunden hat.
Mit dem Glücksrad wird die neue Zielzahl ermittelt. Sie wechselt mit der alten den Platz (kommt in die Mitte), und das Spiel beginnt neu.

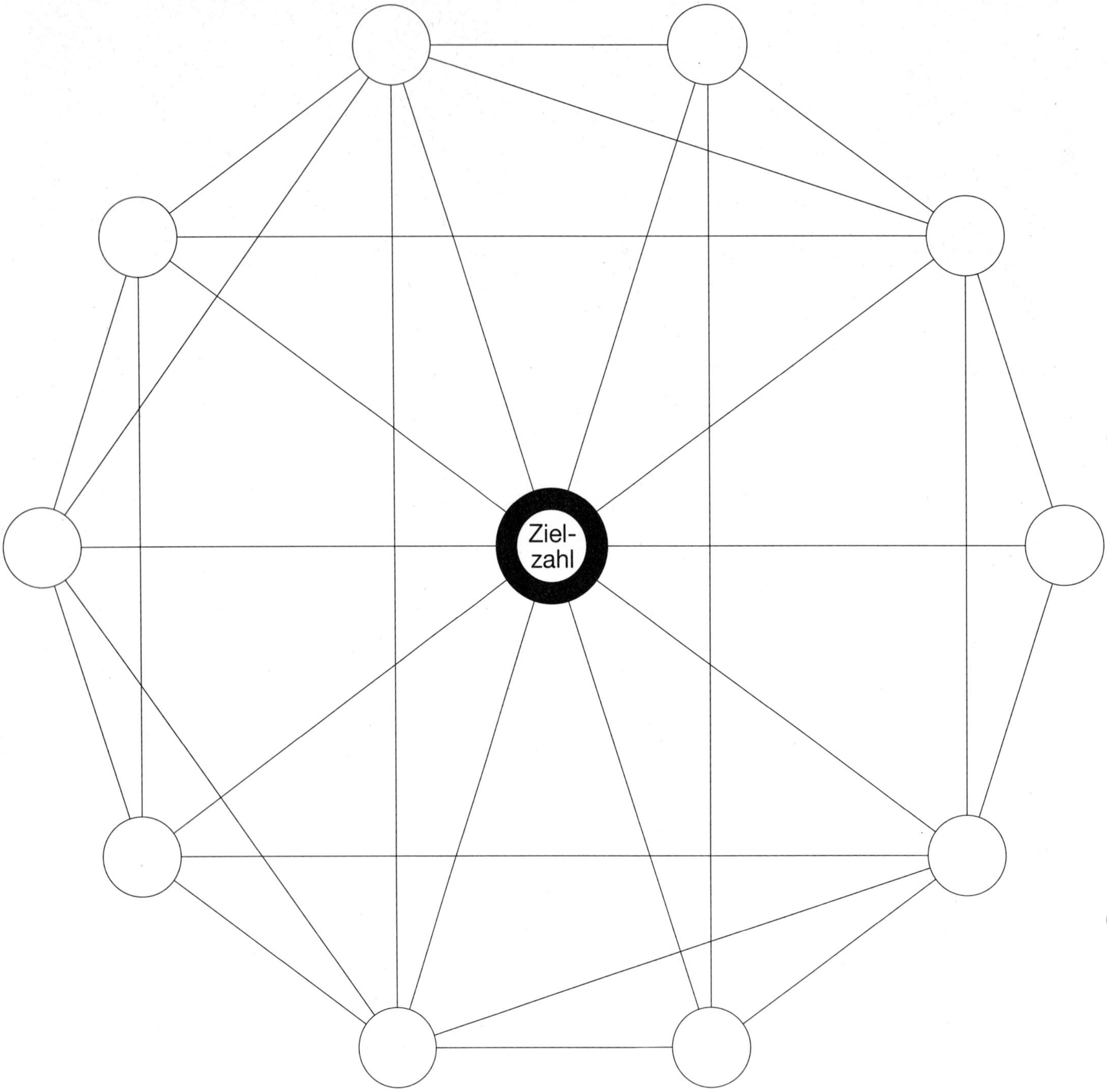
Ziel-
zahl

31. Zahlen für die Hundertertafel

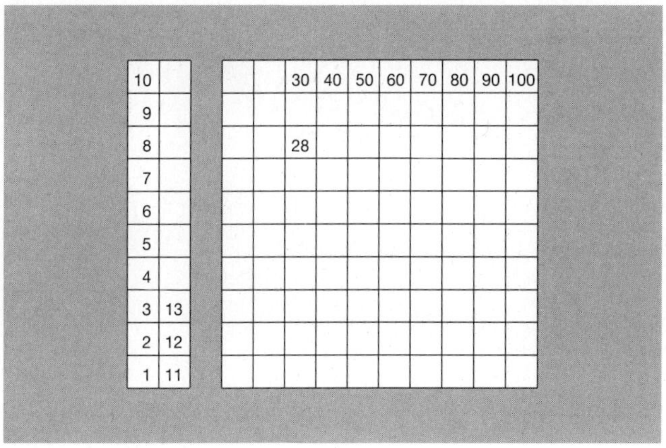

Abb. 31.1

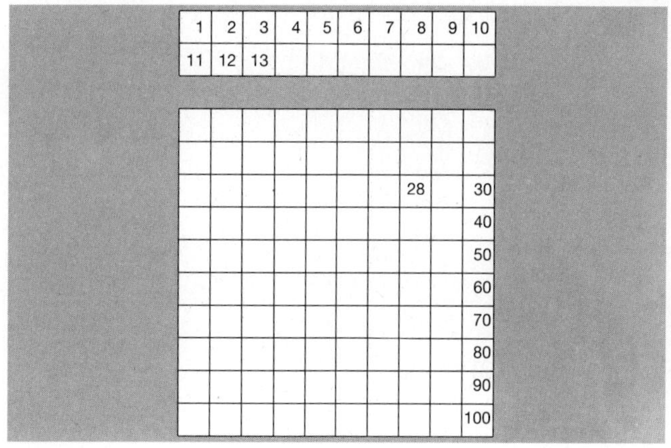

Abb. 31.2

Material

- ca. 1 m Wachstuch, weiß, 1,30 m breit.
- Wasserfester Edding-Stift.
- Langes Lineal zum Ziehen der Linien.
- Sprühflasche mit Wasser (möglichst destilliert, um Kalkflecken zu vermeiden).

Kopiervorlagen

Zahlen bis 100

Herstellung

Auf das Wachstum ein 10-cm-Gitterraster von 1,30 × 1 m zeichnen.
Drei Streifen davon abschneiden für Übungen am 1., 2. und 3. Zehner bzw. für Zahlenstreifen (siehe Beispiel [23]).
Zahlen auf Folie kopieren.
Auf die Rückseite als Schutz selbstklebende Folie kleben.
Zu Zahlenkarten zerschneiden.
Nach Zehnern getrennt aufbewahren.

Hinweis für Lehrer

Dieses Arbeitsmittel können Sie nicht nur im 1. Schuljahr einsetzen. Es ist sehr hilfreich bei der Erarbeitung der einzelnen Zahlenräume.
Besprüht man die Wachstuch-Tafel mit destilliertem Wasser, so haften die Folienzahlen mehrere Stunden darauf.
Am Anfang brauchen Sie nur einen Streifen und die Ziffern 1 bis 10. Analog zum Aufbau von unten nach oben (siehe Zehnertreppe) empfiehlt es sich zunächst, diesen Streifen senkrecht aufzuhängen. Besonders wichtig wird diese Anordnung beim 2. Zehner und der Schreibweise ZE (siehe Abb. 31.1).
Entsprechend wird auch die Hundertertafel ausgefüllt (siehe Abb. 31.1).
Für den Aufbau nach dem Modell des Zahlenstrahls werden die Zehnerstreifen waagerecht aufgehängt und von links nach rechts aufgebaut (siehe Abb. 31.2 und auch die Zahlenkette aus Papptellern – siehe Beispiel 6). In den meisten Schulbüchern ist die Hundertertafel in dieser Weise dargestellt. Deshalb habe ich sie hier ebenfalls aufgenommen, obgleich die erste Version mehr der konkreten Handlung mit Steckklötzen und auch der stellengerechten Schreibweise entspricht.
Entscheiden Sie selbst, welche Anordnung Sie benutzen wollen, bzw. ob Sie beide nacheinander einführen wollen. Mit der Blanko-Tafel und den Blanko-Streifen sind beide Varianten möglich.

Einsatzmöglichkeiten

- Beim Aufbau der Zahlenreihe.
- Bei Übungen zur Stellung in der Zahlenreihe bzw. -tafel.
- Fehlende Zahlen ergänzen.
- Linke und rechte (obere und untere) Nachbarzahlen nennen (Vorgänger – Nachfolger).
- Obere und untere (linke und rechte) Nachbarzahlen nennen (im vorherigen und im nächsten Zehner).
- Freie Felder (Ergänzungsmenge) zum nächsten Zehner (zum vollen Hunderter) erkennen.
- Im 2. Schuljahr bei der Erarbeitung der Einmaleinsreihen.
- Im 2. Schuljahr bei der Erarbeitung der Beziehungen zwischen den Einmaleinsreihen (verschiedenfarbiges Einkreisen) usw.
- Als Quadratgitter-Raster beim Spannen von Flächenformen im Quadratmeter-Rahmen (siehe „Das Würfelkabinett“: „Gespannte Bilder – spannende Bilder“[1]).

1 Margarete Hehnke: „Das Würfelkabinett – Mathematik zum Anfassen“, Verlag Mildenberger, 77652 Offenburg

1	2	3
4	5	6
7	8	9
10	11	12
13	14	15

16	17	18
19	20	21
22	23	24
25	26	27
28	29	30

31	32	33
34	35	36
37	38	39
40	41	42
43	44	45

46	47	48
49	50	51
52	53	54
55	56	57
58	59	60

1) Blatt zur Hälfte falten (quer)
2) Blatt in Längsrichtung falten oder
2a) Blatt noch einmal halbieren
3) Blatt ganz entfalten (beide Knicke mit dem Rükken nach oben), alle vier Ecken an den „Mittelrücken" falten
4) große Dreiecke an der Kante umklappen (unten und oben legen)
5) große Dreiecke so zusammenschieben, daß ein „Berg" entsteht
6) Spitze der großen Dreiecke zur Mitte hin umklappen; die eine Spitze bleibt in dieser Position, die andere wird später als Verschluß von oben übergeklappt (7)
7a) die Figur 7 umdrehen
8) beide Seiten an die Mittellinie knicken (evtl. Schülern helfen)
9) Figur 8 umdrehen und nach hinten zum fertigen Portemonnaie falten; mit selbstklebendem Klettenband läßt sich der Verschluß noch zusätzlich verstärken

Wenn man das „Faltportemonnaie" dann wieder auseinanderklappt, sieht man das gesamte Faltmuster.
So entsteht als fertiges Produkt das Portemonnaie, das von allen Kindern bunt bemalt und mit Spielgeld gefüllt werden kann.
Der Faltvorgang wird am rationellsten nach dem Prinzip Vormachen-Nachmachen frontal eingeführt. Die Kinder sind es gewohnt, sich spontan und frei zu äußern. Schon bei den ersten Faltschritten (siehe Anleitung) kommen Kommentare wie „Das ist jetzt wieder ein Rechteck, nur halb so groß", „Und jetzt sehe ich ein Sechseck und vier Dreiecke!" Die Kinder sind auf Entdeckerjagd nach immer neuen geometrischen Grundformen. Die jeweils gefundenen Formen kann man auf einen Bogen Packpapier malen, indem man die Faltfigur auflegt und sie mit einem Filzstift umfährt, und dann an der Tafel befestigen.
Das auseinandergeklappte Faltpapier ergibt ein Gitterraster, in dem alle gefundenen Formen wiederentdeckt werden können. Aus dem produktorientierten Vorhaben entsteht ein strukturiertes Material, das nicht ungenutzt bleiben sollte!

Fünf Themenvorschläge

1. *Erkennen, Untersuchen und Ordnen geometrischer Formen*
   Vierecke (Rechtecke, Quadrate, Trapeze), Dreiecke, Sechsecke, Achtecke
   zusammengesetzte Formen: „Häuser", Schiffe"
2. *Musterbildungen und Parkettierungen*
   a) durch freies Legen
   b) durch Auslegen auf einem Raster
3. *Betrachtungen und Übungen zur Symmetrie*
4. *Größenvergleiche zwischen den einzelnen Figuren*
   a) durch direkten Vergleich
   b) durch Auszählen im Raster (Flächeninhaltsvergleiche)
5. *Waagerechte, Senkrechte und Parallelen, rechter Winkel und halbierter rechter Winkel*

Didaktische Hinweise zu diesen Themen

Für die weitere Arbeit mit dem gezeichneten Raster verwendet man Kopierpapier in verschiedenen Farben. Es bietet vielfältige Möglichkeiten der Gestaltung, ist für Kinder ansprechend, und die Ergebnisse sind schön anzusehen. Sie benötigen für jedes Kind vier farbige Kopien und weitere „Normalkopien" zum Auslegen und Aufkleben.

Abb. 32.4

Aufbewahrungskästen (z. B. Würstchenkästen aus Supermärkten) werden mit den Namen der Flächenformen beschriftet. Sie erleichtern das Auffinden und Zurücksortieren und stehen für die Freiarbeit zur Verfügung. Jedes Kind kann nach seinem eigenen Tempo, seiner Phantasie und seinem Entdekkerdrang individuell gestalten und dabei weiterlernen. Anregungen dazu werden in gemeinsamen Phasen gegeben und Ergebnisse gemeinsam gewürdigt.
Natürlich läßt sich auch mit herkömmlichen Methoden im Klassenunterricht damit arbeiten. Wichtig ist jedoch, daß nicht alle Vorschläge in einem Block bearbeitet werden, da sonst das Material abnutzt und die Motivation verlorengeht. Die Themen sind deshalb auch bewußt nicht einzelnen Klassenstufen zugeordnet. Zeitpunkt und Dauer sind von Klasse zu Klasse verschieden.

1. Erkennen und Ordnen

Material: pro Schüler vier Kopien, Raster in verschiedenen Farben, Schere, eine Ordnungstabelle im Format 1,40 × 0,80 m aus Packpapier

Tätigkeit: Zerschneiden der Raster in möglichst viele verschiedene Formen; Ordnen nach gemeinsamen Eigenschaften; Unterschiede benennen; darüber sprechen

Frontal: je ein Exemplar aller gefundenen Formen in die Tabelle einordnen (die zusammengesetzten Formen können auch eine Extra-Spalte haben)

Didaktisches Ziel: durch den Umgang mit geometrischen Formen diese kennenlernen und ihre Namen lernen

2. Musterbildung und Parkettierung

Material: zu a) farbige Formen, Platz zum Auslegen zu b) weißes Raster zum Auflegen, Klebstoff, Ausstellungsfläche

Organisationsformen: Einzel- oder Partnerarbeit

Tätigkeit: Muster legen und darüber sprechen. Die Herstellung von „Mustern" ist in der Freiarbeit sehr beliebt. Auf verkleinerten Vordrucken können Muster auch zeichnerisch dargestellt werden.

Didaktisches Ziel: Freude haben, kreativ sein, mit Formen arbeiten, über die eigene und die Arbeit anderer sprechen

3. Symmetrie

Material: wie vorher, Plexiglasscheiben, Klebestreifen zum Markieren der Achse(n), verkleinerte Rastervorlage für Zeichnungen

Organisationsformen: Frontal-, Partner- und Einzelarbeit

Tätigkeiten: Die aufbewahrten Bilder aus der vorigen Arbeit sind Ausgangspunkt für differenzierende Betrachtungen zur Symmetrie (Spiegelachse, Drehpunkt, Verschiebungen usw.). Neue Darstellungen entstehen in Partnerarbeit; im Wechsel legen oder zeigen die Partner Teile und ihre Spiegelbilder.

Didaktisches Ziel: handelnder Umgang mit symmetrischen Abbildungen

4. Größenvergleiche

Material: wie bisher und Arbeitsblätter

Tätigkeiten: Die vorhandenen Flächen werden miteinander ihrer Größe nach verglichen. Das geschieht a) durch Aufeinanderlegen und Auslegen miteinander (direkter Vergleich), b) durch Aufzählen der halben bzw. ganzen Gitterquadrate (indirekter Vergleich) und c) anhand von Arbeitsblättern, auf denen Lehrer oder Schüler wie beim Tangram Figuren zusammensetzen, den Umriß aufzeichnen und mehrere davon miteinander vergleichen lassen. Es macht den Kindern immer wieder Freude, für andere ein Arbeitsblatt zu entwerfen und so konkret in die Unterrichtsarbeit einbezogen zu werden.

Didaktische Ziele: Flächeninhaltsvergleiche, Mitverantwortung am Unterricht, konkrete Kontrolle durch Auslegen mit der gewählten Einheit

5. Waagerechte, Senkrechte, Parallelen, rechter und halber rechter Winkel

Material: Raster, Geodreieck

Tätigkeiten: die genannten Linien und Winkel erkennen, benennen, einzeichnen, messen und zählen

Didaktischer Kommentar: Diese Tätigkeiten ersetzen nicht die Einführung der Begriffe, sie dienen lediglich der Übung von Fertigkeiten.

Handlungsorientiertes Lernen und veränderte Unterrichtssituationen sind zunehmend Forderungen auch für den Mathematikunterricht geworden. Das Vorhaben „Faltportemonnaie" mit den anschließenden Übungen ist geeignet, beidem gerecht zu werden.

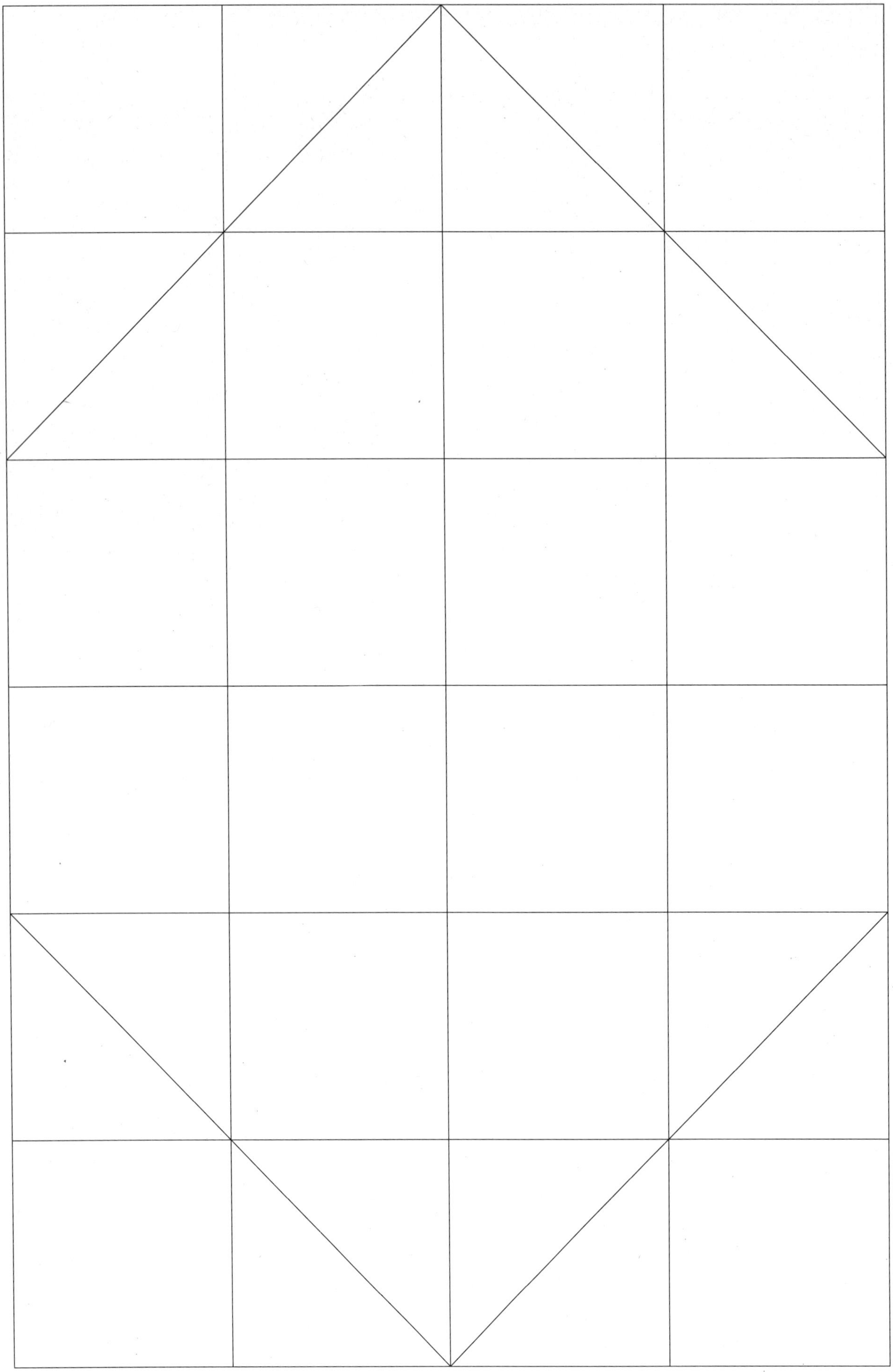

Grundraster

33. Faltschachtel zum Aufbewahren von Spielkarten, Würfeln, Setzsteinen, etc.

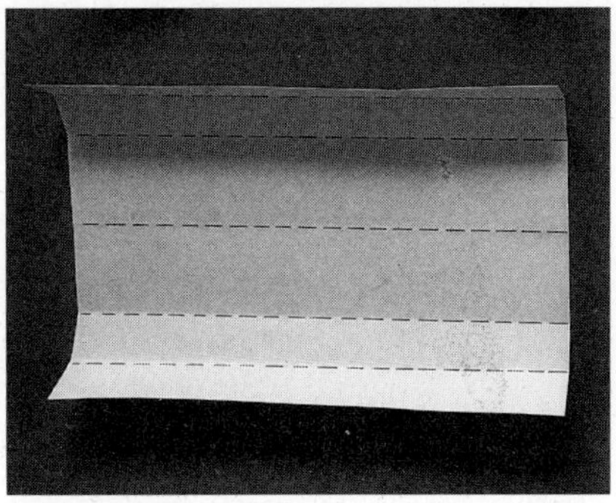

Abb. 33.1

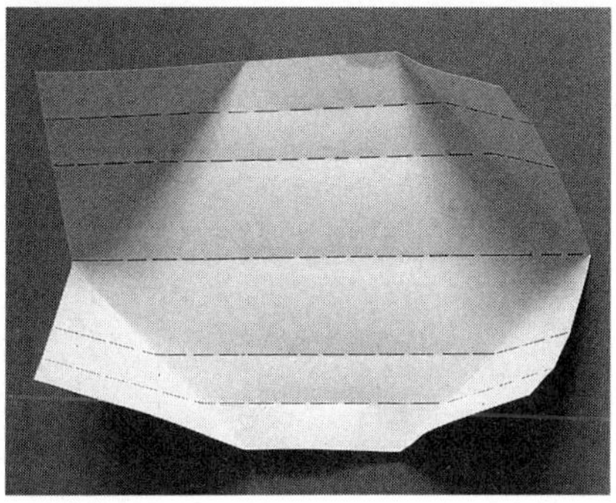

Abb. 33.2

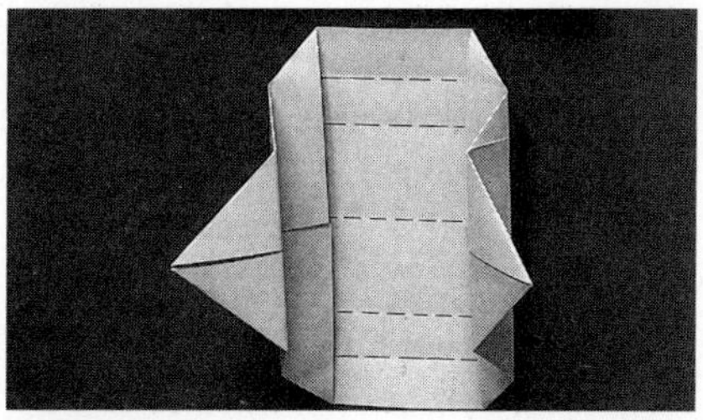

Abb. 33.3

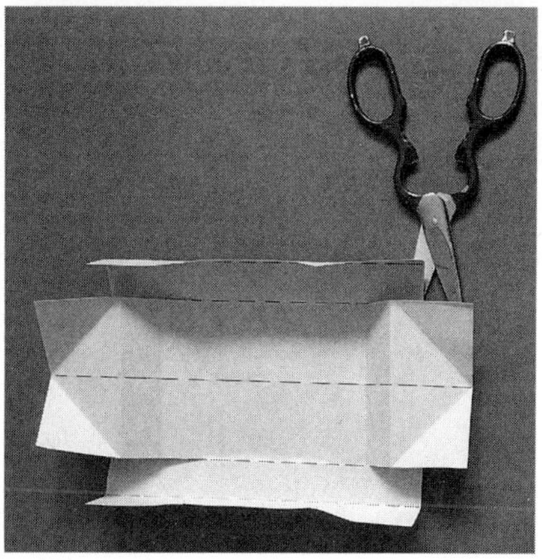

Abb. 33.4

Abb. 33.5

Abb. 33.6

Material

Je nach Größe

- Karteikartenpappe DIN A 4 oder anderes DIN-Format
- und/oder Geschenkpapier der gleichen Größe

Kopiervorlagen

Keine

Herstellung

siehe Foto(s)

Hinweise für Lehrer

Damit Sie Ihre Spielkarten und anderes Spielmaterial gut aufbewahren können, hier noch ein Vorschlag für ein Faltkästchen mit Deckel:

Deckel

Sie brauchen ein DIN-A 4-Blatt (möglichst Karteikartenstärke) oder ein normales Blatt und dazu ein zweites Blatt Geschenkpapier auf die gleiche Größe zugeschnitten.
Den Faltvorgang entnehmen Sie bitte den Abbildungen 33.1 bis 33.6.
Zum Schluß werden die beiden Hälften des Deckelbodens mit etwas Klebstoff oder Klebeecken befestigt.

Für die Bodenschachtel

schneiden Sie vor dem Falten an einer langen und einer kurzen Seite des DIN-A 4-Blattes je ca. 1–2 cm ab. Der Faltvorgang ist dann der gleiche wie beim Deckel.
Diese Faltschachteln haben das Format von ca. 8,5 x 10,5 cm. Sie sind damit für kleinere Gegenstände, Geschenke oder für Spielkarten geeignet.
Aus einem DIN-A 3-Blatt falten Sie nach dem gleichen Prinzip eine Schachtel vom Format ca. 11,5 x 15 cm. Dieses Maß entspricht in etwa Postkartengröße und eignet sich damit zum Aufbewahren von Karteien in dieser Größe.

E X I

Name	Datum	Legt mit EXI-Teilen frei	Legt nach Vorlage	Kann die EXI-Teile miteinander auslegen	Kann Einzelteile durch andere ersetzen	Erkennt Größenbeziehungen der Einzelteile untereinander	Kann Formen eines Formats unterschiedlich auslegen	„Erfindet“ neue Auslege-Formen	Spielt mit bei „EXI-Hexi“	Hat die Spielregeln verstanden und hält sich daran	Fördert das Spiel	Stört das Spiel	Sonstiges							

Glücksräder

Name	Datum	Spielform:						Hat die Spielregeln verstanden	Hält sich an die Spielregeln	Hilft Mitschülern durch	Stört das Spiel durch	Sonstiges								

Holzwürfel

Name	Datum	Hat die Arbeitsweise verstanden	Kann die Anzahl der Einzelwürfel benennen	Kann die Anzahl der sichtbaren Flächen benennen	Kann die Farben richtig benennen	Kann Lagebeziehungen sprachlich formulieren	Baut frei auf dem Tisch (Fußboden)	Baut frei in die Raumecke	Baut nach Vorlage	Bildet selbstgebauten Würfelkörper aus… Würfeln nach	Arbeitet allein	Arbeitet mit Partner(n)	Sozialverhalten zu Partner(n)	Arbeitsverhalten	Arbeitsergebnis	Sonstiges				

Rechenraupe

Name	Datum	Verhältnis zur Raupe (Name: ....)	Kreative Ausgestaltung:	Benutzt die Raupe häufig	manchmal	selten	Benutzt die Raupe bei					Sonstiges								

Zahlenteller

Name	Datum	Kann Mengen zuordnen	Kann Ziffernreihe aufbauen	Zahlenraten mit Fragen	Zahlenraten ohne Fragen	Hat die Spielregeln verstanden	Hält sich an die Regeln	Hilft Mitspielern durch	Stört das Spiel durch	Verhalten in Siegersituationen:	Verhalten bei Mißerfolgen:	Sonstiges								

Zahlenkette aus Papptellern

Name	Datum	Kann sich am Zahlenstrahl orientieren	Kann umgedrehte Zahlen richtig nennen	Kann Mengen zerlegen	Kann addieren	Kann subtrahieren	Sonstiges													

Mengenschüsseln

Name	Datum	Zahl und Menge angleichen	„Die böse 10“	„Die böse Null“	Hat die Spielregeln verstanden	Hält sich an die Regeln	Kann Zahlen lesen	Kann Mengen erfassen	Kann richtig addieren (auffüllen)	Kann richtig subtrahieren (wegnehmen)	Hilft Mitspielern durch	Stört das Spiel durch	Verhalten in Siegersituationen:	Verhalten bei Mißerfolgen:	Sonstiges					

Setzleisten für Zehnertreppe

Name	Datum	Einzelübung Zehnertreppe	Würfelspiel Zehnertreppe	Relationen	Zahlen bis 20	Hat die Arbeitsweise verstanden	Arbeitet zügig und sicher	Lösungsstrategien:	Sozialverhalten in der Gruppe:	Verhalten bei Mißerfolg:	Verhalten bei Hilfen (geben und nehmen):	Sonstiges							

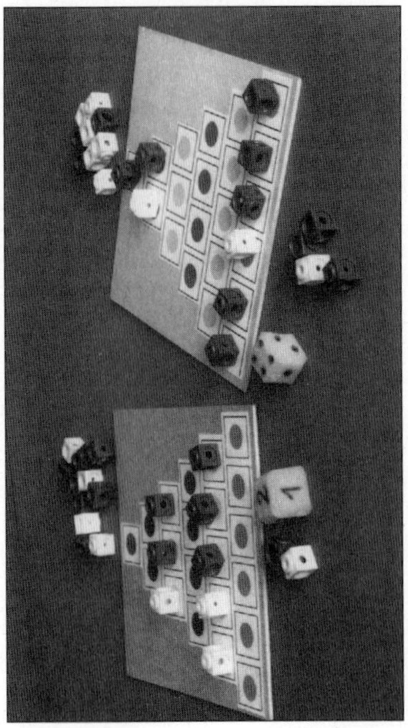

Das Turmspiel

Name	Datum	Hat die Spielregeln verstanden:	Hält sich an die Regeln	Kann Würfelbilder richtig interpretieren	Kann Ziffernwürfel richtig interpretieren	Kann die richtige Reihe erkennen	Kann die Setzsteine richtig setzen	Hilft Mitspielern durch	Stört das Spiel durch	Verhalten in Siegersituationen:	Verhalten bei Mißerfolgen:	Sonstiges								

Ziffern-Mengenpuzzle aus Holz

Name	Datum	Hat die Arbeitsweise verstanden	Kennt die Zahlen	Ordnet die Mengenteile richtig zu	Ist unsicher und probiert	Sonstiges														

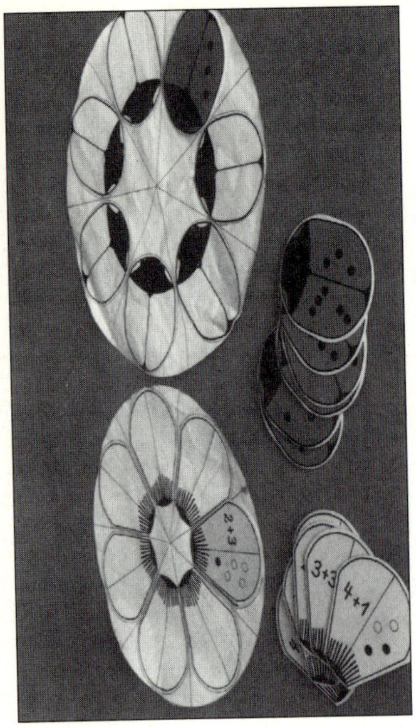

Marienkäfer- und Blumendomino

Name	Datum	Menge an Menge	Menge an Zahl	Addition als Mengendarstellung	Subtraktion als Mengendarstellung	Reine Ziffernterme	Legt die Dominoteile richtig ab	Macht Fehler und korrigiert sie sofort	Macht Fehler und merkt sie erst am Schluß	Überprüft daraufhin den ganzen Dominokreis	Korrigiert nicht, sondern	Sonstiges								

Rahmenpuzzle

Name	Datum	Operatorpuzzle:	Aufgabentyp	Einlegefolie:	Aufgabentyp	Abdeckpuzzle:	Aufgabentyp	Hat die Arbeitsweise verstanden	Arbeitet zügig und sicher	Ist unsicher und rät	Stellt selbst ein Puzzle richtig her	Sonstiges								

Einkreisen von Mengen

Name	Datum	Hat die Aufgabenstellung verstanden	Arbeitet sicher und übersichtlich	Muß sich korrigieren	Sonstiges															

Rechenscheibe mit Partnerkontrolle

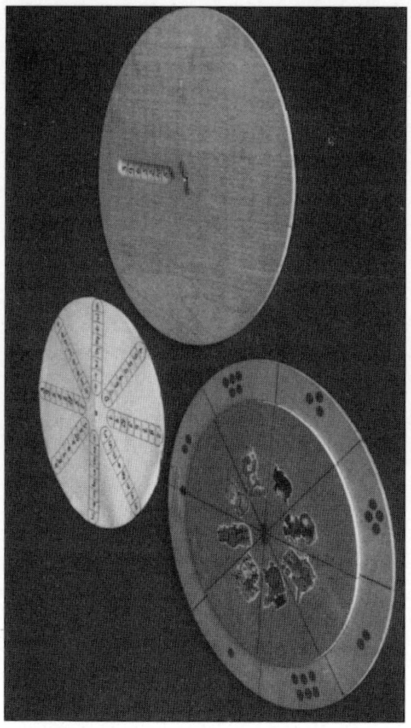

Name	Datum	Addition von Mengendarstellungen	Subtraktion Menge – Anzahl	Addition mit Ziffern	Subtraktion mit Ziffern	Andere Aufgabentypen:	–	–	–	–	Hat die Arbeitsweise verstanden	Partnerverhalten	Lösungsverhalten:	schnell	langsam	richtig	fehlerhaft	Sonstiges		

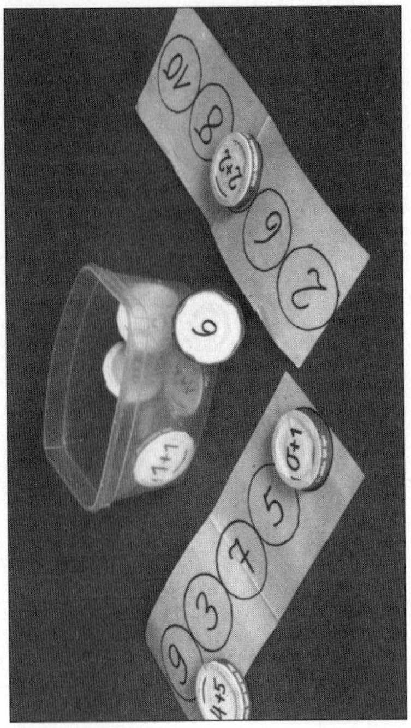

Flaschenverschlüsse

Name	Datum	Aufgabentyp:	Aufgabentyp:	Aufgabentyp:	Aufgabentyp:	Aufgabentyp:	Hat die Aufgabenstellung verstanden	Rechnet allein mündlich	Rechnet allein schriftlich	Rechnet mit Partner (abwechselnd)	Rechnet ... Aufgaben in ... Minuten	Sonstiges								

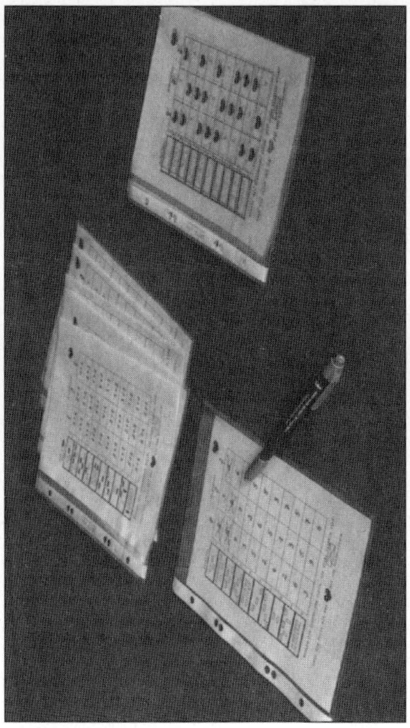

Übungskartei zum Selbermachen

Name	Datum	Hat die Aufgabenstellung verstanden	Kartei ... Karte Nr. ...	Kartei ... Karte Nr. ...	Kartei ... Karte Nr. ...	Kartei ... Karte Nr. ...	Kartei ... Karte Nr. ...	Kartei ... Karte Nr. ...	Kartei ... Karte Nr. ...	Kartei ... Karte Nr. ...	Rechnet richtig	Rechnet fehlerhaft	Kontrolliert selbständig	Korrigiert selbständig	Schreibt die Aufgaben ins Heft	Sonstiges			

Zahlen- und Mengenstreifen und -tafeln

Name	Datum	Hat die Arbeitsweise verstanden	Kann Ziffern richtig zuordnen	Kann Mengenbilder richtig zuordnen	Kann Relationszeichen richtig einsetzen	Kann Additionen richtig ausführen	Kann Subtraktionen richtig ausführen	Arbeitsverhalten	Sonstiges											

Quartett mit Tierziffern

Name	Datum	Zahlen – Mengenzuordnungen allein/mit Partner	Spielform „Memory“	Partnerspiel „Stechen“	„Stechen mit Punkten“	„Schnapp“	Anlegespiel „Pechvogel“	„Auweia – Ohh …“	Quartett	Schwarzer Peter	Hat die Spielregeln verstanden	Hält sich an die Regeln	Hilft (stört) Mitspieler(n) durch	Sonstiges						

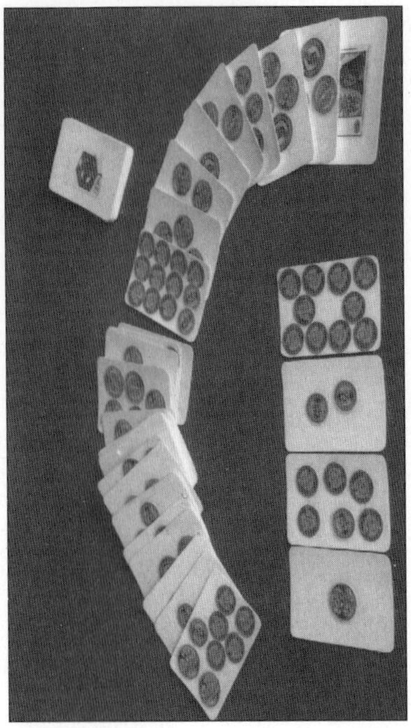

Quartett mit Geldmengen

Name	Datum	Kennt die Geldwerte bis 10 DM	Kann Gesamtbetrag der jeweiligen Karte(n) errechnen	Spielform „Memory“	Partnerspiel „Stechen“	„Stechen mit Auszahlen“	„Schnapp“	Das Einkaufsspiel	Quartett	Schwarzer Peter	Hat die Spielregeln verstanden	Hält sich an die Regeln	Hilft (stört) Mitspieler(n) durch	Sonstiges						

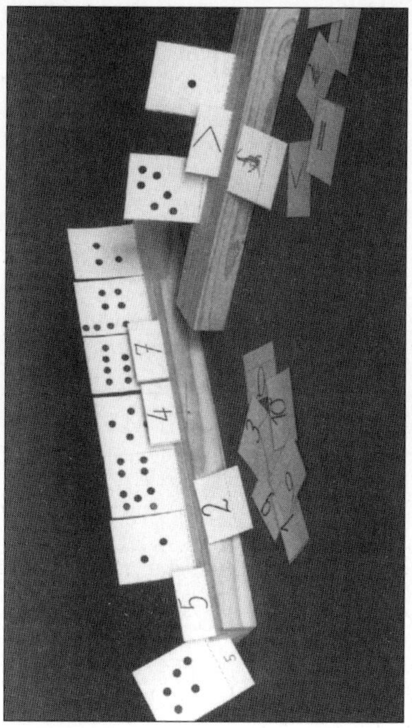

Setzleisten mit Aufgaben- und Ergebniskarten

Name	Datum	Aufgabentyp	Aufgabentyp	Aufgabentyp	Aufgabentyp	Hat die Aufgabenstellung verstanden	Kann Ergebniskarten richtig zuordnen	Ist unsicher	Führt die Kontrolle richtig durch	Korrigiert falsche Ergebnisse	Sonstiges								

Das Leiterspiel

Name	Datum	Hat die Spielregeln verstanden	Hält sich an die Regeln	Kann Zahlen auf Einzelwürfeln erkennen und nutzen	Kann Zahlen auf 2 Würfeln verknüpfen und nutzen	Kann Zahlen auf 3 Würfeln verknüpfen und nutzen	Hilft Mitspielern durch	Stört das Spiel durch	Verhalten bei Erfolgen:	Verhalten bei Mißerfolgen:	Sonstiges									

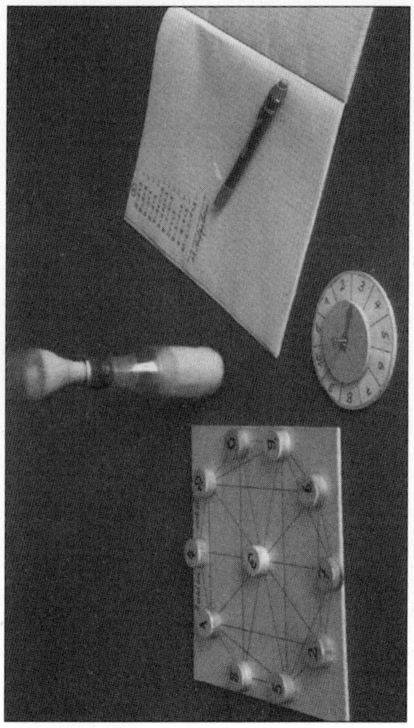

Zahlenwirbel

Name	Datum	Hat die Spielanweisung verstanden	Hält sich an die Regeln	Findet viele Aufgaben	Findet wenig Aufgaben	Findet keine Aufgaben	Kann die Aufgaben richtig ins Heft schreiben	Hilft Mitspielern durch	Stört das Spiel durch	Verhalten bei Mißerfolgen:	Sonstiges									

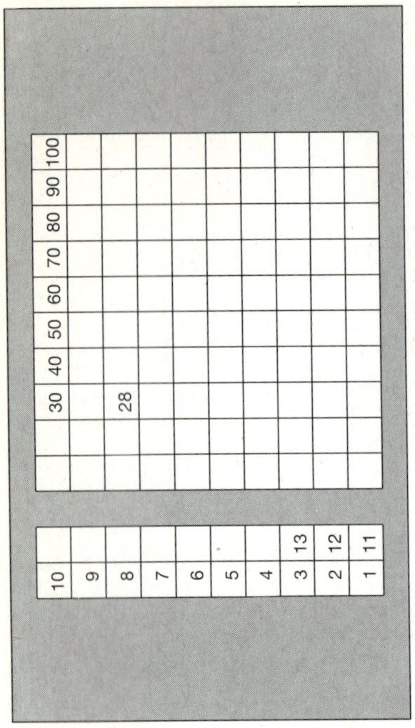

Zahlen für die Hundertertafel

Name	Datum	Kann sich im Zahlenraum bis 10 orientieren	Kann sich im Zahlenraum bis 20 orientieren	Kann sich im Zahlenraum bis 100 orientieren	Kann Vorgänger und Nachfolger finden	Kann Z/E-Zahlen in vorhergehenden und nachfolgenden Zehnern benennen	Sonstiges

Das Faltportemonnaie

Name	Datum	Kann das Portemonnaie falten	Erkennt beim Faltvorgang entstehende Flächenformen	Erkennt die Flächenformen im Grundraster wieder	Kann Flächenformen ausschneiden und richtig zuordnen	Legt (klebt) freie Figuren und Bilder	Legt (klebt) Parkettierungen mit Symmetrien	Legt (klebt) Parkettierungen ohne Symmetrien	Stellt Größenvergleiche zwischen den einzelnen Flächen an	Sonstiges										

Materialbedarf

Liste aller benötigten Materialien für einen Klassensatz an Arbeitsmitteln

Material	Bedarf pro Klasse
Holzscheibe mit Schlitz:	
26 cm	1
Holzscheiben ohne Schlitz:	
26 cm	2
20 cm	2
16 cm	1
10 cm	5
6 cm	4
Sperrholzbretter:	
22 × 22 cm	4
13,5 × 16 cm	1
10 × 18 cm	11
10,5 × 15 cm	1
10 × 10 cm	22
3 × 13,5 cm mit 4 Löchern	1
5 × 5 cm	6
2 × 2 cm	9
Holzleisten:	
1 × 1 × 11 cm	16
1 × 1 × 7 cm	24
1 × 1 × 17 cm	4
1 × 1 × 10,5 cm	5
1 × 1,5 × 17 cm	2
1 × 1,5 × 10,5 cm	3
1 × 2 × 16 cm	2
1 × 2 × 11,5 cm	1
Setzleisten ca. 50 cm lang, 2 Einschnitte und 11 Löcher mit 6-mm-Bohrung	4
Holzstäbe:	
6 mm 50 cm Länge	6
3 mm 50 cm Länge	2
oder Schaschlikstäbe	4
Holzwürfel:	
3 × 3 × 3 cm	50

Material	Bedarf pro Klasse
Holzkugeln:	
30 mm je nach Schülerzahl pro Schüler	1
Holzperlen 6 mm	ca. 120
Holzscheiben für Setzsteine	11
Dübelhölzer (6er Dübel)	18
Gardinenringe (Außendurchmesser 6 cm)	8
Plexiglasscheiben:	
9 × 11 cm	16
12,5 × 17 cm	5
Eisenteile:	
Gewindeschrauben 3 × 20 mm	4
Spax-Schrauben kl. Kopf je nach Schülerzahl pro Sch.	1
Muttern f. Schrauben 3 mm	8
Unterlegscheiben	8
Sonstiges:	
Wachstuch 105 × 130 cm	1 Stück
Kunststoffaden	ca. 10 m
Ausweishüllen	20
Bierdeckel	ca. 30 oder mehr
Fimo-Knete	½ kl. Packung
Filz für Fühlziffern (selbstklebend)	ca. 1 DIN-A4-Blatt
Schmirgelpapier für Fühlziffern	ca. 1 DIN-A4-Blatt
Pappteller	33

Die Teile können in den nebenstehend aufgeführten Materialsätzen, die jeweils für ein Arbeitsmittel zusammengestellt sind, über den Verlag bezogen werden. Für Ihre Bestellung kopieren Sie bitte den nebenstehenden Bestellschein und schicken ihn an den

Auer Verlag GmbH
Postfach 1152
86601 Donauwörth

Bestellschein

Anzahl	Best.-Nr.	Bezeichnung	Einzelpreis	Gesamt
______	23.1	**Materialpaket „Anfangsunterricht Mathematik"**	295,– DM	

EXI – 172 geometrische Formen aus farbigem Kunststoff
Glücksrad mit zwei Scheiben
Glücksrad mit drei Scheiben
Vierfarbige Auflage für große Scheibe
Holzwürfel, 35 Stück, 3 × 3 × 3 cm
20 Rechenraupen ohne Perlen (für Steckklötze)
Scheibe mit Mengenschüsseln
Setzleiste 45 cm
Stabsortiment für Zehnertreppe
Holzpuzzlesatz blanko, 11 × 2 Teile
Kreisdomino-Sortiment
Fühlziffern
8 Zerlegungskästen für die Mengen 3 bis 10
1 Zerlegungskasten „100"
1 Zerlegungskasten „1000"
SUPER-ACHT
Stöpselkasten
20 gelochte Kunststoffhüllen
Rahmenpuzzle
Rechenscheibe mit Partnerkontrolle
2 Spielplanbrettchen, 22 × 22 cm
Lackfolie 105 × 130 cm für Hundertertafel

Sie sparen 20,– DM gegenüber dem Kauf von Einzelsätzen!

Materialsätze im Einzelbezug

Anzahl	Best.-Nr.	Bezeichnung	Einzelpreis	Gesamt
______	23.121	8 Zerlegungskästen „3 bis 10"	32,00 DM	______
______	23.122	1 Zerlegungskasten „100"	6,50 DM	______
______	23.124	5 Zerlegungskästen 100	29,90 DM	______
______	23.123	1 Zerlegungskasten „1000"	6,90 DM	______
______	23.175	EXI – 172 Teile aus farbigem Kunststoff	29,80 DM	______
______	23.023	Glücksrad mit 3 Scheiben	5,90 DM	______
______	20.024	Vierfarbige Auflage für große Scheibe	3,20 DM	______
______	20.041	1 Rechenraupe mit Holzperlen	4,95 DM	______
______	20.045	5 Rechenraupen mit Holzperlen	19,80 DM	______
______	23.045	5 Rechenraupen ohne Holzperlen	6,50 DM	______
______	23.081	Setzleiste 45 cm – mit Bohrungen und 2 Schlitzen	8,00 DM	______
______	23.082	Stabsortiment für Zehnertreppe	3,50 DM	______
______	23.151	„STÖPSELKASTEN"	7,50 DM	______
______	23.152	20 gelochte Kunststoffhüllen	9,00 DM	______
______	23.153	100 gelochte Kunststoffhüllen	40,00 DM	______
______	20.152	20 gelochte Kartoneinlagen	6,90 DM	______
______	20.153	100 gelochte Kartoneinlagen	30,00 DM	______
______	23.022	Glücksrad mit 2 Scheiben	4,90 DM	______
______	23.071	Scheibe mit Mengenschüsseln	19,90 DM	______
______	23.141	„SUPER-ACHT" ohne Klebebilder	16,80 DM	______
______	23.201	Rechenscheibe mit Partnerkontrolle	12,00 DM	______
______	23.035	Holzwürfel, 35 Stück, 3 × 3 × 3 cm	22,50 DM	______
______	23.101	Holzpuzzlesatz, blanko, 11 × 2 Teile	12,50 DM	______
______	23.111	Fühlziffern – Holzbrettchen, Filz, Sandpapier	14,50 DM	______
______	23.181	Rahmenpuzzle	6,80 DM	______
______	20.401	Blanko Spielkarten, 200 Stück	10,00 DM	______
______	20.411	Spielplanbrettchen, 22 × 22 cm, 1 Stück	1,45 DM	______
______	20.512	Setzsteine. Rohholz 100 Stück, ∅ 2 cm	9,00 DM	______
______	23.311	Lackfolie für Hundertertafel, 105 × 130 cm	12,50 DM	______

Summe ______

Die angegebenen Preise sind Verkaufspreise incl. MwSt. zuzüglich Porto. Preisliste Stand 2.96. Bei Bestellungen mit einem Warenwert unter 50,– DM wird eine Verpackungspauschale von 2,– DM berechnet. Inlandsbestellungen ab 150,– DM werden versandkostenfrei geliefert!

Dienstanschrift/Schulstempel	Rechnungsanschrift/Lieferanschrift
Name	Name
Straße	Straße
PLZ/Ort	PLZ/Ort
Datum Unterschrift	Datum Unterschrift

Auer Verlag GmbH · **Postfach 1152 · 86601 Donauwörth**

Selbst zu beschaffendes Material

Folie zum Beziehen	je nach Format und Menge	viel
Steckklötze		ca. 300
Klebepfeile		ca. 10
Klebebilder groß zum Ausgestalten		ca. 60
Klebebilder für Arbeitskarten		viele
Klebepunkte groß		ca. 100
Klebepunkte klein	je nach Verwendung	viele
Blanko-Spielkarten		ca. 100 oder mehr
Karteikartenpappe		ca. 100
farbiges Papier	pro Farbe	ca. 100 oder mehr
Plaka-Lack oder Acrylfarbe	je Grundfarbe	1 ×

Bezugsquellen für selbst zu beschaffende Materialien

„Das Würfelkabinett – Mathematik zum Anfassen" Arbeitsmittel für Würfelplättchen und Zahlentafeln	Verlag Mildenberger, Im Lehbühl 6, 77652 Offenburg; Bestellnummern siehe Gesamtkatalog
Steckwürfel allseitig steckbar, Kantenlänge ca. 2 cm	Verlag Mildenberger, Im Lehbühl 6, 77652 Offenburg; Best. Nr. 550-51
Blanko-Spielkarten	Hail Lehrmittelverlag, Eifelstr. 20, 72766 Reutlingen
Tafelwaage	bei Lehrmittelverlagen (in Katalogen nachsehen) oder in der Schule vorhanden
Folien zum Kopieren	im Fachhandel passend zu Ihrem Kopierer bestellen oder vorrätig
Folien zum Beziehen (selbstklebend – klar)	im Schreibwarenhandel oder bei der Einkaufszentrale für öffentliche Bibliotheken GmbH, Bismarckstraße 3, 72764 Reutlingen; Best.-Nr. 80 30 28.4, oder bei Verlagen für Arbeitsmittel
Folienhüllen DIN-A 4-Format, DIN-A 5-Format	im Schreibwarenhandel oder in Kaufhäusern
Ausweishüllen im DIN-A 6-Format	s. oben oder: Briefmarkenzentrale Kreuzberg, Zossener Straße 16, 10961 Berlin
oder als Rezepthüllen ohne Aufdruck	im Apotheken-Fachhandel oder
mit Aufdruck	bei Lotto-Annahmestellen
farbiges Papier zum Kopieren (70 g)	im Schreibwarenhandel
Klebepunkte und Klebebilder	z. B. von Zweckform im Schreibwarenhandel
Ordner für Ergebnisse	im Schreibwarenhandel oder in Kaufhäusern
Wattestäbchen	in der Drogerie
Pappteller	in Kaufhäusern
Plaka-Lack oder Acrylfarbe	im Malerfachgeschäft
Spielgeld	kostenlos bei Banken und Sparkassen
Bierglasuntersetzer mit Reklame bedruckt	kostenlos in Getränkeshops oder im Getränke-Großhandel
Aufbewahrungskästen für Material und Arbeitsblätter ca. DIN-A 4- und im DIN-A 5-Format: leere Würstchenkästen	im Supermarkt